INHALT.

Tafel.

MITTHEILUNGEN

der

Geographischen Gesellschaft in Hamburg

1889—90.

Im Auftrage des Vorstandes herausgegeben

von

L. Friederichsen,

Erstem Sekretär.

Mit einem Stadtplan und einer Karte.

HAMBURG.

L. Friederichsen & Co.

Land- und Seekartenhandlung,

Geographischer und Nautischer Verlag.

Neuerwall 61.

1890.

Inhaltsverzeichniss.

Tafeln.

Die Liukiu-Inseln.

Von Dr. **O. Warburg.**

(Vortrag, gehalten in der Geographischen Gesellschaft in Hamburg am 4. Febr. 1890.)

Japan besitzt eine im Verhältniss zu seiner Ausdehnung ausserordentlich starke Bevölkerung. Schon im Jahre 1880 besass das sog. Alt-Japan in etwas über 5000 □Meilen mehr als 35 Millionen Einwohner, d. h. ca. 125 Einwohner auf den □km, während in Preussen nach der letzten Zählung nur 81, in Sachsen freilich 212 auf den □km kommen und selbst China bei der gewiss nicht zu geringen Annahme von 381 Millionen nur 95 Einwohner auf den □km hat.

Wenn man nun bedenkt, dass noch ein grosser Theil Japans durch schroffe und hohe Gebirge der Bebauung entzogen ist, so erscheint es nur begreiflich, dass sich die Blicke der Japaner auf die das Land umgebenden Länder richten mussten. Doch diese Gründe traten eigentlich klar erst hervor, seitdem Japan mit europäischen Nationen in Wechselverkehr getreten ist; wenn es schon früher versucht hat, sich die Nachbarländer zu unterwerfen, so waren es meist Beweggründe politischer Art, wie sie bei einem Volke von so stark ausgebildetem Ehrgeiz und erregbarem Temperament nur zu natürlich sind. So finden wir namentlich ausserordentlich alte Beziehungen der Japaner zu den westlichen und südwestlichen Gegenden, zu Korea und den Liukiu-Inseln, während die Nordinsel Japans, Yezo, und die Bonin-Inseln im Süden eigentlich erst in allerneuester Zeit in engere Beziehungen zu Japan getreten sind. So sind nun die Liukius, Yezo mit den Kurilen sowie die Bonin-Inseln dem japanischen Reiche einverleibt worden und werden deshalb als Neu-Japan von dem Oyashima (dem Altjapan) unterschieden. Der Einfluss in Korea dagegen ist trotz mancher Versuche über kleine japanische Kolonieen in einigen Städten nicht hinausgekommen, was aber weniger dem Widerstande Koreas selbst, als der Eifersucht Chinas und dem diplomatischen Einschreiten der europäischen Mächte zuzuschreiben ist.

Vor zwei Jahren hatte ich Gelegenheit, die Liukiu-Inseln, und zwar die ganze Kette, die sich von Japan bis nach Formosa erstreckt, zu besuchen, und wenn es mein Plan ist, hier ein Bild dieser Gebiete zu entwerfen, so geschieht es, um die Aufmerksamkeit auf diese interessante, in Wirklichkeit aber wenig bekannte Inselgruppe zu lenken.

Wenn auch über die Liukiu-Inseln eine Literatur existirt, die zusammen stattliche Bände füllen würde, so ist doch das wirklich Wissenswerthe ausserordentlich dünn gesät. Es waren neben den wenigen Notizen, die wir der Broughton'schen Entdeckungsreise Ende des vorigen Jahrhunderts verdanken, hauptsächlich 3 Expeditionen, welche die Liukiu-Inseln, oder vielmehr immer nur die Hauptinsel, besuchten; erstens die englischen Kriegsschiffe Alceste und Lyra, die September und October 1816 in dem Hafen der Hauptinsel lagen, worüber Capitain Basil Hall sehr ausführlich, aber fast nur unwesentliche Erlebnisse berichtet; zweitens die Expedition von dem englischen Kriegsschiff Blossom im Jahre 1827, worüber Capitain Beechey berichtet; die dritte weit bedeutendere endlich war die berühmte amerikanische Expedition, welche die Eröffnung Japans erzwang, unter Commodore Perry, welche in den Jahren 1853 und 1854 sich vier Mal dort aufhielt. Alle diese Expeditionen wurden aber nur zu sehr durch das Misstrauen und die passive Feindseligkeit der Regierung behindert, besassen auch keine ordentlichen Dolmetscher, verfolgten endlich auch weniger wissenschaftliche als politische Ziele, wodurch es verständlich wird, dass die Kenntniss der Inseln durch diese Expeditionen nur relativ wenig gefördert wurde. Die Perry'sche Expedition hat freilich in topographischer Beziehung und in Bezug auf die Vermessung viel geleistet.

Wenn ich ältere chinesische und japanische Werke übergehe, die nur zum Theil übersetzt sind, und kritisch bearbeitet gewiss manches Interessante an den Tag fördern dürften, so bleiben als wichtigste Quellen noch 1. ein Bericht eines japanischen Gesandten Idjichi, der in den 70ger Jahren dort gelebt hat, das Wichtigste daraus übersetzt durch Herrn Müller-Beeck, jetzt Vicekonsul in Nagasaki, 2. für die Nordinsel Oshima ein vorzüglicher Bericht von Döderlein, früher Lehrer an der Universität in Tokio, der zwar nur 14 Tage dort verweilte, aber durch seine Kenntniss japanischer Verhältnisse und Sprache im Stande war, eine Masse interessanten Materials in der kurzen Zeit zu sammeln. Zum Schluss seien der Vollständigkeit wegen noch einige Berichte von Missionaren und einige Notizen von Brunton über einen kurzen Aufenthalt auf der Hauptinsel erwähnt, sowie last not least die sehr interessanten und zuverlässigen Mittheilungen über die Insel Typinsan und seinen Schiffbruch daselbst durch Capitain Hernsheim.

Unter den Liukiu-Inseln versteht man, in geographischem Sinne, fast die ganze Inselreihe, welche die Südinsel Japans »Kiushiu« mit Formosa verbindet; nur die nördlichsten dicht bei Kiushiu gelegenen Inseln rechnet man, da sie von Alters her politisch zu Japan gehörten, nicht dazu; man kann 4 Gruppen von Inseln unterscheiden, wovon die nördlichste die Shichito[1]) oder 7 Inseln, auf den Karten gewöhnlich als Linschoten-Inseln bezeichnet, nur aus ganz kleinen vulkanischen Inselchen besteht; die 2. Gruppe ist von der 3. geographisch kaum zu trennen, da die beiden Hauptinseln derselben »Oshima« im Norden und »Okinawa« im Süden durch eine Reihe kleinerer Inseln verbunden sind; ethnologisch, geschichtlich und politisch dagegen ist die Eintheilung richtig, da 2 verschiedene Dialecte herrschen, die nördliche Gruppe erst später unter die Herrschaft der Liukiu-Könige kam, auch viel mehr Beziehungen zu Japan hatte, schon seit einigen hundert Jahren direkt dem japanischen Fürstenthum Satsuma einverleibt und auch jetzt administrativ von Okinawa getrennt ist. Okinawa, die grösste Insel, war der eigentliche Sitz der Liukiu-Könige, oft wurde diese Insel allein als Liukiu oder Gross-Liukiu bezeichnet, und die ganze Kultur der Liukiu-Insulaner sowie auch die Verwaltung hat hier ihr Centrum. Durch eine weite ca. 125 Seemeilen lange Strecke Meeres davon getrennt ist die südliche Gruppe, in Okinawa gewöhnlich Sakeshima bezeichnet, die am allerwenigsten bekannte die uns Hamburger aber durch das Scheitern des vom Capitain Hernsheim geführten Schooners R. J. Robertson im Jahre 1873, und die gastliche Aufnahme, welche die Besatzung dort fand, speciell interessiren dürfte. Von dieser Gruppe erwähnen wir hier nur die 3 Inseln Miyakoshima oder Typinsan, Ishikagi und Iriomotte, die übrigen Inseln sind viel kleiner. Die westliche Insel dieser Gruppe wird nur durch einen kleinen Meeresarm von Formosa getrennt (ca. 63 Seemeilen); es besteht aber augenblicklich absolut kein Verkehr zwischen den Liukius und Formosa, früher war es anders. Die Liukiu-Inseln liegen zwischen dem 24. und 30. Grad, also selbst noch die südlichste innerhalb der gemässigten Zone; der Flächeninhalt wird nach Ausmessungen der Karten von Döderlein auf nur 3800 □km berechnet, verschwindet also völlig gegen die 284 000 □km von Altjapan. Dagegen ist die Bevölkerung relativ durchaus nicht unbedeutend.

[1]) Von den Japanern wird auch diese Gruppe meist nicht zu den Liukius gerechnet.

Nach Behm und Wagner sollen die Inseln der beiden südlichen Gruppen, das Okinawa Ken, d. h. der Regierungsbezirk Okinawa, im Jahre 1880 310000 Einwohner gehabt haben; mir wurden aber von den japanischen Beamten in Okinawa die neuesten Statistiken mitgetheilt und danach hat der Regierungsbezirk jetzt ca. 370000 Einwohner mit 80000 Häusern. Nach Döderlein sind die beiden südlichen Gruppen, welche das Ken bilden, 2350 □km gross, so dass wir dann auf die erstaunliche Zahl von 157 Menschen per □km kämen; namentlich scheint es enorm viel, dass auf der Hauptinsel Okinawa allein über 250000 Einwohner wohnen sollen, das wären 188 Menschen auf den □km, also nicht sehr viel weniger als in Belgien und Sachsen, und mehr als doppelt soviel als in Preussen (ebenso in Miyakoshima 175 auf den □km); aber da die Statistik erst 1886 von einem japanischen Statistiker gemacht worden ist, also zu einer Zeit, wo die japanische Regierung in den Liukius schon fest installirt war, und europäische Methoden die Statistik in Japan beherrschen, ferner in Anbetracht dass die Dorfbeamten, von denen doch, wenn keine direkte Zählung stattfindet, in erster Linie das Resultat abhängt, aus leicht ersichtlichen Gründen eher geneigt sein dürften, zu wenig Bewohner anzugeben, als zu viel, so glaube ich nicht berechtigt zu sein, die Statistik anzuzweifeln. Man muss auch berücksichtigen, dass die vielfache Industrie, worauf ich noch zurückkommen werde, eine Menge Hände beschäftigt, dass schon die beiden Städte Nafa und Shuri je gegen 24000 Einwohner haben, also schon 13 % der gesammten Bevölkerung der Gruppe; auch stimmen die Angaben der Lokalbeamten auf den südlichen Inseln stets im grossen Ganzen mit der Centralstelle, während doch die Abweichungen beweisen, dass sie sich nicht auf dieselben Berechnungen stützen. Aus alledem scheint nur hervorzugehen, dass, wenn auch nach japanischem Maasstab die Bevölkerungszahl enorm zu sein scheint, sowohl im Verhältniss zur Grösse des Landes, als auch zu der Anzahl der auf meinen Karten genau angegebenen Dörfer, wir dennoch nicht ohne weiteres die Statistik verwerfen dürfen, wie es Döderlein in Bezug auf Oshima thut; eine Thatsache ist, dass die Liukiu-Insulaner lange nicht so viel Anspruch auf Komfort und Geräumigkeit machen wie die Japaner, dass sie darin vielleicht eher den Chinesen ähneln; und was die Ernährungsfrage betrifft, so sind die allein so stark bevölkerten Inseln Okinawa und Miyakoshima beide von relativ grosser Fruchtbarkeit, und vollkommen nach chinesischer Art ausgenutzt. Die andern beiden grösseren Inseln sind sehr schwach bevölkert, Ischikagi hat nur 44, und Iriomotte nur 6 Bewohner auf den □km. Die Gründe werden wir nachher betrachten.

Was die Geschichte der Inseln betrifft, so genügt ein kürzerer Ueberblick, zumal da die Fachgelehrten zur Sicherheit im Einzelnen noch nicht gelangt sind. Unsere Kenntniss rührt nämlich hauptsächlich von chinesischen und japanischen kritiklosen Kompilatoren her, stammt also nur indirekt aus den ältesten chinesischen Quellenwerken, die zum Theil noch der Uebersetzung harren. Bis jetzt ist es selbst noch zweifelhaft, wann die Liukiu-Inseln zuerst mit den orientalischen Kulturvölkern in Berührung gekommen sind. Die chinesischen Annalen der Souy-Dynastie geben das Jahr 605 an; im Jahre 606 soll eine Expedition gegen Liukiu gemacht worden sein, wobei 5000 Insulaner in die Sklaverei geschleppt wurden; nun wird aber, von Henry St. Denis namentlich, behauptet, unter dem Liukiu dieser Expedition sei gar nicht die Hauptinsel Okinawa, sondern Formosa zu verstehen; denn nach den Schilderungen dieser Expedition gäbe es dort Menschenfresser, Wölfe, Tiger, Bären, das Land sei sehr gebirgig, es existire die Sitte, dass Schädel um die Wohnung der Könige angehäuft würden, die Leute besässen eine erstaunliche Schnelligkeit im Laufen, die Sitten seien im Norden der Insel anders als im Süden, alles passe zu Formosa, und nicht zu Liukiu; vor allem aber weise die Beschreibung der Reise darauf hin. Es ist hier nicht der Ort, diese Frage zu discutiren, vor allen Dingen ist es verfrüht, bevor nicht der Wortlaut der alten chinesischen Annalen selbst kritisch übersetzt worden ist; aus einigen Stellen ist jedenfalls zu ersehen, dass die Sache noch lange nicht spruchreif ist; z. B. soll die Insel 5 Tagereisen östlich von Futschau liegen; es ist immer von einem König die Rede, während die Wilden Formosas in lauter kleine Stämme zerfallen; 5000 Menschen in dem waldigen dünn bevölkerten Formosa in die Sklaverei zu schleppen, dürfte selbst einem Tippu-Tip schwer fallen, wenn man Rückschlüsse von den jetzigen wilden Stämmen Formosas machen darf, es erscheint aber ganz ausgeschlossen, wenn man die jämmerlichen Misserfolge bedenkt, welche die Chinesen bei Feindseligkeiten mit den Wilden Formosas jetzt immer haben; in den kleinen Liukiu-Inseln dagegen kann es nicht schwer fallen, die Eingeborenen zur Unterwerfung zu bringen, oder am Meere einzuklemmen; Tiger und Wölfe giebt es in Formosa ebenso wenig wie in Liukiu; bergig kann man die Liukius auch nennen; die Sitten können in der That im Norden der Hauptinsel der Liukius anders gewesen sein als im Süden, das Schädelaufhäufen kann mit dem Ahnenkultus zusammengehangen haben; es ist aber auch nicht einmal ausgeschlossen, dass damals wirklich Schädelraub und Anthropophagie geherrscht habe; in den jetzigen sinisirten Stämmen Formosas erkennen wir die alten Ureinwohner auch kaum wieder. Soviel ist aber sicher, die Chinesen bezeichneten, namentlich später, Formosa gleichfalls als Liukiu, und zwar als Klein-Liukiu, vermuthlich weil sie die Grösse dieser für sie nichts Verlockendes habenden Insel übersahen, im Gegensatz zu Gross-Liukiu, dem jetzigen Okinawa; ferner weiss man auch, dass die Chinesen nach Formosa Expeditionen unternommen haben, die sie aber, wahrscheinlich weil die Resultate nicht den Erwartungen entsprachen, bald wieder aufgaben. Es ist aber sehr wohl denkbar, dass in den chinesischen Annalen schon Verwirrung geherrscht habe, welche Fragen eben nur durch eine streng kritische Arbeit zu lösen sein werden. Wie dem auch sei, von grosser Bedeutung wurden die Beziehungen zu Liukiu nicht, wenn auch chinesische Kaufleute eine Art Handelsverkehr mit Gross- und Klein-Liukiu unterhalten haben sollen.

Die Beziehungen der Japaner zu Liukiu sind mindestens ebenso alt, doch ist auch wieder unsicher, was die Japaner unter Liukiu verstanden; es mag vielleicht nur die Nordinsel Oshima gewesen sein, die schon sicher 593 Beziehungen zu Japan hatte. Der Name »Liukiu« giebt uns keinen Anhalt; nach den verschiedenen Versionen kann er bedeuten »der ausgestreckte Drache«, oder »das Juwel des Drachen«, oder das »Palais des Drachen«, oder die »schwebenden Welten« etc.; in Wirklichkeit wird es wohl ein Name sein, der von den Eingeborenen herstammt, und den die Chinesen auf willkürliche Weise sich mundgerecht, oder richtiger gesagt, sich schriftgerecht gemacht haben, ein Process, den jeder Europäer, der in China lebt, an sich selbst zu erproben hat, indem seine chinesischen Freunde ihn mit einem sog. Blumennamen beglücken, dadurch dass dem schlichten Namen bei der Uebersetzung in die chinesische Schriftsprache durch kleine Aenderungen ein möglichst Segen verheissender oder hoch klingender Sinn angedeutelt wird.

Im Jahre 749 wird Okinawa sicher schon erwähnt, eine japanische Gesandtschaft nach China wurde dorthin verschlagen; 1165 kommt ein berühmter japanischer Bogenschütze Tametomo nach Liukiu, von dem viele Adelsfamilien sich rühmen abzustammen; sein Sohn, genannt Shuntiengwan, d. h. der himmlische König Shun, schwingt sich dann 1187 zum König auf und wird der Begründer einer neuen Dynastie; er ist deshalb wichtig, weil er die Schriftsprache einführte, welche die Liukiu-Insulaner also jetzt schon seit 7 Jahrhunderten besitzen. Erst 1372 beginnen die Chinesen wieder Einfluss auf der Insel zu erlangen, indem der Gründer der Ming Dynastie Gesandte hinschickte und so alle 3 Königreiche, in welche die Insel zu der Zeit zerspalten war, äusserlich tributpflichtig machte; er sandte auch 36 chinesische Familien dorthin, welche allerhand nützliche Gewerbe dort einführten und bis in die letzte Zeit eine gesonderte Kolonie ausmachten; diese führten nun die Lehre des Confucius ein; von jetzt an werden regelmässige Gesandtschaften nach China geschickt; die Grossen studirten in Nanking die chinesischen Klassiker in der Kaiserlichen Akademie, Eisen und Porzellan wurde in Menge eingeführt, die südliche Insel-Gruppe erkannte jetzt zum ersten Mal den König von Liukiu an, kurz es scheint jetzt eine Kulturperiode der Insel gekommen zu sein; nach 3 Generationen wurden dann auch die 3 Königreiche wieder vereinigt. Im Jahre 1451 wurden zum ersten Mal Abgesandte an den Reichsverweser von Japan mit Geschenken oder Tribut abgeschickt; nach anderen Quellen soll aber Tribut nach Japan schon Mitte des 14. Jahrhunderts gezahlt worden sein. Aber auch China hatte noch sehr viel Einfluss; ein Bürgerkrieg vom Jahre 1454 an wurde durch Hülfe der Chinesen beigelegt; der Handel nach China nahm so zu, dass Kupfer und chinesisches Geld in einigen Provinzen Chinas, Tshekiang und Fokien, selten wurden, so dass schliesslich eine Uebereinkunft erzielt wurde, dass nur noch in Waaren bezahlt werden sollte. Manches weist darauf hin, dass die Liukius damals ein grosses Tauschcentrum für japanische und chinesische Waaren wurden. Ein Aufstand in Kikiai, der unterdrückt wurde, beweist, dass auch die nördlichen Inseln jetzt zu dem Reiche gehörten. Der Schiffsverkehr der Liukius ging Anfang des 16. Jahrhunderts nach China und Japan, nach Korea und Formosa, ja selbst ein Schiff ging nach Malacca, und da japanische Seeräuber sich in Formosa festsetzten und von dort die chinesischen Küsten brandschatzten, übernahm der König der Liukius die Vermittlung zwischen China und Japan. Anfang des 17. Jahrhunderts kam dann, wie es scheint, Liukiu mehr unter die Botmässigkeit Japans, indem der mächtige Taikosama von Japan erst verbot den Chinesen Tribut zu zahlen und dann den Fürsten von Satsuma bei einem Zuge gegen die Liukius unterstützte. Der König von Liukiu wurde gefangen und mitgenommen, aber nach 2—3 Jahren wieder eingesetzt. — Unter der Mandshu Dynastie wurde dann auch die Tributzahlung nach China, die in Wirklichkeit aber mehr ein Tauschverkehr gewesen zu sein scheint, auf alle 2 Jahre festgesetzt, und nicht über 150 Leute sollen die Gesandten begleiten. Der grosse Kaiser Kanghi liess dann in der Hauptstadt der Liukius einen Confuciustempel und eine Akademie bauen, und es wurde vereinbart, dass die Liukius nur Landesprodukte, wie Kupfer, Zinn, Muscheln und

Industrieprodukte, nicht mehr eingeführte Waaren, wie Nelken und Riechholz als Tribut zahlen sollten. — So scheint es dann geblieben zu sein; der Verkehr mit China blieb derselbe, noch Mitte dieses Jahrhunderts wurde alle 2 Jahre Tribut nach China geschickt, und höchstens 2 Schiffe im Jahr vermittelten den Verkehr nach China. Japan dagegen bekam mehr Handelsverkehr nach den Liukius und riss schliesslich dann auch die factische Herrschaft an sich. Schon 1853 lag nach Perry eine japanische Garnison in der Hauptstadt. Im Jahre 1876 wurde dann der letzte König mediatisirt und mit dem Range eines Kadzoku nach Tokio geschickt. Es war später von einer Abtretung der Süd-Gruppe an China die Rede, doch findet man wenigstens jetzt alle Inseln im factischen Besitz der Japaner, und in der gesammten Inselkette ist kein Chinese wohnhaft und keinem chinesischen Schiffe ist es erlaubt, die Häfen anzulaufen.

Aus alle dem geht hervor, dass die Liukiu-Insulaner ihre Ursprünglichkeit schon lange eingebüsst haben; aber auch in der chinesischen Cultur scheinen sie nicht viel neues selbst geschaffen zu haben, wenigstens soll fast ihre gesammte Literatur aus Uebersetzungen bestehen, und ihre eigenen Dichtungen sollen nach dem Urtheil eines Chinesen nichts Originelles haben; andererseits lässt sich nicht leugnen, dass die Einwirkung der grossen östlichen Culturvölker eine sehr intensive gewesen ist, und dass das Volk wenigstens versucht hat, nach den Grundsätzen der grossen orientalischen Weisen zu leben, namentlich, was Humanität und speciell die von allen gerühmte Gastfreundschaft betrifft. Noch 1853 fand ein chinesischer Gelehrter, der die Expedition Perry's begleitete, die Bibliothek in der Hauptstadt sehr gut besucht; und auch Inschriften, wie die auf einem steinernen Denkmal dicht bei der Residenz, sprechen wenigstens für den ernsten Willen. Die stolze aber berechtigte Inschrift lautet: »Das Land, das die Gesetze des Eigenthums ehrt.« In der That wird die Ehrlichkeit der Leute von fast allen Reisenden rühmend hervorgehoben, wenngleich wohl meist die Furcht vor der Regierung die Hauptsache gewesen sein mag. Mehr Werth haben die Aussagen japanischer Polizeibeamter mir gegenüber, dass relativ wenig Diebstähle vorkämen, was aber auch, wie ein Beispiel bald zeigen wird, nach Inseln oder Distrikten verschieden zu sein scheint.

Fast bei allen Einrichtungen, Sitten und Gebräuchen kann man mit Recht fragen, stammen sie aus China oder aus Japan. So ist der Hausbau mit den Strohdächern und auf Pfählen japanisch, ebenso sind die Matten z. Th. wie in Japan, gefüllte, der Mangel von Stühlen und Tischen, ebenso der kleine Hausaltar, ferner die wie unsere Fausthandschuhe geformten Socken, welche die Männer tragen, ebenso die Stroh- und Holzsandalen, die Pfeifen- und Tabackstäschchen, die Servirung und Zubereitung des Thees, das Gospiel, die Tänze etc. und vor allem die Sprache, die als ein alterthümlicher und etwas modificirter japanischer Dialekt aufgefasst werden muss; ihre Schriftsprache steht der japanischen sehr nahe, doch verstehen die Vornehmen und Gebildeten auch die chinesischen Zeichen. Von dem Chinesen haben sie vor allem die Religion und die Heilkunde, ferner eine Reihe von Geräthen, auch die Zuckermühlen, die Pflasterung der Strassen, den Brückenbau, die Ziegelbereitung, die Musikinstrumente, die Djunken, die Abschliessung ihrer Häuser durch Mauern und als die Inseln noch selbstständig waren, ihr ganzes Beamten-Classenwesen mit den Examina, ihre literarischen Wettkämpfe; dagegen erinnert die feste Abgrenzung der Stände wieder an Japan. Der sog. Liukiuzopf, der erst seit 2 Jahrhunderten bestehen soll, wird mit der Mandshu-Dynastie in China in Zusammenhang gebracht [1]), die Tattoomarken der Frauen auf den Händen sollen mit einer ähnlichen früheren Sitte der Frauen des Kaisers von China zusammenhängen; [2]) die Gräber sind äusserlich durch ihre Hufeisenform den chinesischen sehr ähnlich; die Sitte der Knochenwaschung, d. h. der Gebrauch, nach 3 Jahren das Grab festlich zu öffnen, die Knochen zu reinigen und sie in ein irdenes Gefäss zu thun, findet sich auch jetzt noch in Korea und einigen Theilen Chinas. Wie alle die östlichen Culturvölker haben sie einen Ahnendienst, gerade auf den Liukius nur sehr dünn übertüncht durch Buddhismus und die Lehre des Confucius.

So sehen wir denn, dass die Sitten und Gebräuche der Liukiu-Insulaner grossentheils ältere Formen der chinesischen und japanischen Sitten sind.

So interessant es nun auch für den Orientalisten sein wird, die internationalen Beziehungen der früheren Zeit aufzudecken und vielleicht auch von den Sitten der Liukiu-Insulaner Rückschlüsse auf die früheren Perioden der Japaner und Chinesen zu ziehen, so ist doch andererseits die Hoffnung des Ethnologen, durch Vorfinden eines ursprünglichereren Volkes Aufschlüsse zu erhalten über die Herkunft und verwandschaftlichen Beziehungen, speciell der Japaner, leider bedeutend vermindert; freilich ist es noch denkbar, dass man alte Literaturwerke der Liukiu-Insulaner auffindet, die etwas weiter bringen. Ebenso wenig sicheres lässt sich nun aus dem Körperbau unserer Insulaner schliessen; auch da findet man alle Anzeichen eines

[1]) Satow, Notes on Loochoo, As. soc. of Japan 1873.

[2]) Neumann's Zeitschr., allgem. Erdk. 1856, p. 262 (Bericht eines Chinesen).

Culturvolkes, d. h. starke Variationen der verschiedenen körperlichen Merkmale nach verschiedenen Richtungen hin, so dass, selbst in dem unwahrscheinlichen Falle, dass die extremen Formen dieser Merkmale Rückschläge oder Erhaltungszustände früher verschiedener Typen sind, man doch keine Anhaltspunkte findet, um zur Entscheidung zu gelangen, wie man die verschiedenen Merkmale gruppiren muss, um die Urformen wieder heraus zu konstruiren. Ich habe eine Reihe von Messungen der Körper und Gesichtsmaasse angestellt, die freilich noch der Bearbeitung harren; doch glaube ich kaum, dass man ein anderes Resultat erhalten wird, als dass sie den Japanern sehr nahe stehen, was man freilich ohne Messungen auch erkennt. Auf diese Aehnlichkeit mit den Japanern hin unterscheidet nun Döderlein auch zwei Typen, indem er nämlich alle japanischen Charactere dem einen Typus, alles möglichst Unjapanische dem andern zutheilt. Betheiligten sich bei der Bildung des Liukiuvolkes nur 2 Typen, und ist der eine davon ein japanischer, was ja bei der Verbindung der beiden Länder nicht unwahrscheinlich ist, so hat diese Eintheilung auch etwas Berechtigung, leider aber stellen die Japaner auch keinen einheitlichen Typus dar. Auffallend aber ist vor allem das häufige Vorkommen viel stärkerer Körper-Behaarung, als die Japaner und andere umliegende Völker (Formosaner, Chinesen, Südseeinsulaner) sie zu haben pflegen; ich kann nicht leugnen, dass sie mich dadurch, wie auch durch den Gesichtsschnitt, häufig an die Ainos von Yezo erinnerten, ohne dass ich eigentlich ausser den Vorrathskammern, die denen der Ainos ähnlich sein sollen, sonst etwas zu Gunsten der Stammverwandtschaft anzuführen wüsste. Da, wie immer sicherer nachgewiesen wird, die Ainos in Japan früher viel südlicher herunterreichten, auch wahrscheinlich einen Bestandtheil der jetzigen Japaner ausmachen, so wäre übrigens a priori gegen diese Auffassung kaum etwas einzuwenden. Endlich ist es überhaupt garnicht nöthig, einen besonderen Liukiustamm dazu anzunehmen; man könnte sich ja die Sache auch so vorstellen, dass zu einer Zeit, als die Ainos noch in Japan eine grössere Rolle spielten als jetzt, sie oder ein Gemisch von ihnen mit den Japanern, die Liukius kolonisirt hätten. Doch das sind alles Theorien, die der thatsächlichen Fundamente bis jetzt entbehren; durch die Meeresströmungen am leichtesten verständlich wäre eine Einwanderung vom Süden aus, sei es von Formosa, sei es von südlicheren Inseln, wie die Philippinen, oder Palau; in der That ist vor wenigen Jahren in Kelung an der Nordostseite Formosas, also ganz nahe bei den Liukius, ein Schiff mit lebenden Palau-Insulanern angetrieben. Trotzdem zeigt die Physiognomie der jetzigen Liukiu-

Insulaner ebenso wenig wie ihre Sitten irgend welche Anklänge daran; da ich Gelegenheit hatte, sowohl die Formosaner als auch die Stämme von Nord-Luzon kennen zu lernen, so glaube ich zu dieser negativen Behauptung berechtigt zu sein. Damit ist freilich nicht ausgeschlossen, dass die Liukius früher einmal eine andere, von Süden gekommene, vielleicht malayisch-polynesische Bevölkerung gehabt haben, die dann später sich entweder bis zur Unkenntlichkeit mit der von Norden gekommenen vermischt hat, oder zurückgedrängt worden ist; diese Annahme würde jedenfalls Denen am besten passen, welche in der jetzigen japanischen Bevölkerung auch einen malayisch-polynesischen Bestandtheil erkannt haben wollen. Wie dem auch sei, nachweisen lässt sich ein an die malayisch-polynesische Race erinnernder Bestandtheil ebenso wenig oder ebenso viel wie bei den Japanern, aber nicht in höherem Maasse.

Ein so wenig gutes Prognosticum wir den ethnologischen Untersuchungen über die Liukiu-Insulaner zu stellen uns genöthigt sehen, um so interessanter werden zweifellos die naturwissenschaftlichen Resultate sein, die aus der Kenntniss dieser Inseln geschöpft werden können. Mit den geologischen Problemen habe ich mich bisher wenig beschäftigt, doch sind auch diese interessant genug; von den zoologischen und botanischen Problemen möchte ich hier nur eins hervorheben, weil es für mich eigentlich wesentlich die Ursache meiner Reise war, und weil ich glaube, dass ich das Meinige durch die Bearbeitung meiner Sammlung zur Lösung derselben werde beitragen können. Die Fragestellung selbst ist einfach genug. Japan besitzt eine Flora, die aus 2 Elementen zusammengesetzt ist, die ich kurz, um keine wissenschaftlichen hypothetischen Ausdrücke zu gebrauchen, die subtropische Flora und die Flora der gemässigten Zone nennen will; erstere ist auf der südlichen Insel vorherrschend und nimmt in der Hauptinsel Hondo die wärmeren Thäler ein, häufig sich mit den anderen Elementen vermischend. Nun gab es aber in einer der jüngsten Perioden, Ende der Tertiär- oder Anfang der Quartärperiode, in Südjapan eine Zeit, vielleicht unserer Eiszeit entsprechend, wo Pflanzen, einer kälteren Formation angehörig, in Südjapan vorherrschten, nämlich vor Allem Buchen, Ahorn, Hainbuchen, Wallnuss und viele andere (Nordenskjöld hat das Verdienst, sie auf seiner Vegaexpedition bei Mogi auf der Südinsel Japans gesammelt zu haben), während jetzt diese Pflanzen nur auf den höheren Bergen der Insel vorkommen und subtropische Elemente ihre Stelle in tieferen Lagen einnehmen. Jetzt ist die Frage: wenn diese subtropischen Formen damals schon da waren, wo sind sie während der Zeit des kühleren Klimas geblieben, oder wenn sie erst später einwanderten, wo kamen sie her? Es sind zu viele Arten und auch zuviel grossfrüchtige darunter, als dass Einschleppung durch Vögel über weite Seestrecken als hinreichende Erklärung angenommen werden könnte; ebenso kann man nicht die Meeres-Strömungen herbeiziehen, da viele der Arten das Meerwasser nicht vertragen. Japan hat nun nach 3 Seiten hin mögliche Landverbindungen oder wenigstens Inselbrücken, nämlich nach Norden zu nach Sacchalin, nach Korea im Westen und den Liukius im Süden. Die ersten beiden Wege sind nun für unsere Frage völlig ausgeschlossen, da Sacchalin gar keine und Korea sehr wenig dieser subtropischen Typen enthält, noch aus Gründen der geographischen Lage und des Klimas damals enthalten haben konnte. Anders mit den Liukius; die Möglichkeit der Einwanderung von dort lag nahe, doch war die Vegetation speciell darauf hin zu prüfen; waren die Liukius ein Refugium oder der Ausgangspunkt für die subtropischen Formen in dieser jungen Periode, so war anzunehmen, dass dieselben oder höchstens correspondirende Arten sich auch jetzt noch dort erhalten haben würden; war das nicht der Fall, so blieb nur noch die Annahme, dass sich in der betreffenden Periode in Südjapan selbst die subtropischen Elemente doch noch an geschützten Stellen erhalten haben müssten, während neben ihnen die Elemente der gemässigten Zone gediehen. Ein definitives Urtheil wage ich noch nicht auszusprechen; gerade die Grundlage dieser Arbeit, eine Flora von Japan und eine Aufzählung aller Pflanzen, die von China, Korea und Formosa bisher bekannt und gesammelt sind, ist erst jetzt im Werden, ersteres von dem besten Kenner ostasiatischer Pflanzen, Professor Maximowicz in St. Petersburg, letzteres nach den reichen Schätzen der Londoner Herbarien, und wird es erst nach Vollendung beider möglich sein, sich ein sicheres Urtheil zu bilden. Voraussehen lässt sich aber schon, dass die eigentlichen Liukius, d. h. von Oshima an südwärts, kaum die Annahme rechtfertigen, dass sich die japanischen Formen dorthin zurückgezogen hatten. Die Verwandtschaft der Liukiu-Inseln zu Süd-China, Formosa und den polynesischen Inseln ist eine weit grössere als die zu Nord-China und Japan. Von 121 Arten z. B., die ich daraufhin gerade geprüft habe, sind neben 5 den Liukius eigenthümlichen 50 dem Süden und nur 22 dem Norden gemeinsam, während 44 auf beiden Seiten zu finden sind. Dies ist nur ein Theil der Pflanzen von Oshima und Okinawa. Wenn die Südinseln mit betrachtet werden, so ändert sich das Verhältniss noch viel mehr zu Ungunsten Japans. Nach Döderleins Mittheilungen verhält es sich mit den Thieren von Oshima ähnlich, so dass wir kaum berechtigt sind, in dieser so kurz verflossenen Periode noch eine Landverbindung zwischen den Liukius und Japan anzunehmen. Nun liegt aber zwischen Japan und Oshima noch eine Reihe von Inseln, unter denen auch einige grössere sind, welche eine Japan sehr ähnliche Flora haben, und in der That ist es nicht unwahrscheinlich, dass Japan sich nach dieser Richtung hin damals weiter ausgedehnt hat.

Sehr wahrscheinlich dagegen ist es aus thier- und pflanzengeographischen Gründen, dass die Liukiu-Inseln lange vor dieser eben besprochenen Zeit, und zwar jedenfalls dann noch in einer der späteren Perioden des Tertiär, mit einander mehr oder weniger in Verbindung gestanden haben, auch geologische Facta, wie vor allem die Kohlenlager, sprechen für eine frühere grössere Ausdehnung der Inseln; ferner ist die Kette grösstentheils von Vulkanen begleitet, und wo das nicht der Fall, sind wenigstens Erdbeben häufig, also Hebungen und Senkungen von vornherein wahrscheinlich. Berücksichtigen wir ferner noch die grosse Verwandschaft der Lebewesen von Liukiu und Formosa und die geringe Zahl endemischer Arten auf den Liukius, sowie das merkwürdige Factum, dass viele Organismen Japans den korrespondirenden Arten in Formosa näher verwandt sind als den korrespondirenden Arten Süd-Chinas, weiter, dass Formosa, die Liukius und Japan gerade eine Reihe gemeinsamer oder sich sehr nahe stehender Formen besitzen aus solchen Gruppen, die Meereshindernisse schlecht überwinden, deren Verbreitung also nicht durch den Kuroshiwo (oder ostasiatischen Golfstrom) erklärt werden kann, so kommen wir in der That zu dem Schluss, die Liukius als Reste eines vormaligen Landes zu betrachten, welches Japan mit Formosa, und so indirekt auch mit dem asiatischen Kontinente verband. Aus oben angeführten Gründen würde es dann auch wahrscheinlich sein, dass die Landbrücke nach Japan sich eher gelöst habe, als die nach Formosa, ob aber, wie Döderlein meint, beide Verbindungen vor der Ankunft von Säugethieren in Japan und Formosa schon gelöst waren, erscheint mir sehr fraglich, im Gegentheil möchte ich eher glauben, dass einige, wie z. B. Affe und Schwein gerade den Weg über die Liukius genommen haben; beide kommen auf den Liukius vor, ebenso soll der Maulwurf auf der Hauptinsel sein.

Nachdem ich nun bisher versucht habe, in Kürze einige der interessantesten Fragen der Geographie, Geschichte, Ethnologie und Naturgeschichte dieser Inseln zu berühren, wollen wir jetzt eine Rundfahrt durch die Inseln antreten, um nur das allerwichtigste kurz zu inspiciren. Der nett und ganz europäisch eingerichtete, zwar kleine aber bequeme, und von einem englisch sprechenden Japaner geführte

Dampfer »Min-Maru«, nimmt uns in Kobe auf, um uns nach der Hauptinsel Okinawa zu bringen.

Der erste Hafen, wo wir anlegen, ist Kagoshima, an der Süd spitze von Japan, am Ende einer sehr tiefen Bucht prächtig gelegen, geschützt durch eine 5000 Fuss hohe Vulkaninsel; die Stadt hat eine historische Berühmtheit, da sie der Sitz ist der früher so mächtigen Fürsten von Satsuma, die sich in ganz hervorragender Weise an der neueren Entwickelung Japans betheiligt haben; 1863 wurde die Stadt von den Engländern beschossen und grösstentheils zerstört, auch 3 Dampfschiffe des Fürsten weggenommen. Später ist sie berühmt geworden durch die grosse Revolution gegen die neue Ordnung, Satsuma war merkwürdiger Weise damals der Mittelpunkt der Auflehnung. Seitdem spielt Satsuma politisch keine Rolle mehr, um so bekannter ist die Provinz aber jetzt in Europa durch das herrliche Satsuma-Porcellan, »das schönste und geschätzteste Steingut, das je aus Ostasien gekommen ist«. Jetzt ist es ein Städtchen von 20 000 Einwohnern, in der sich gerade eine kolossale Bauthätigkeit entwickelte, weil nämlich vor wenigen Monaten ein Brand 300 Häuser zerstört hatte, bei der leichten und feuergefährlichen Bauart in Japan ein leider nur zu häufiges Ereigniss. Die ganze Gegend besitzt eine reiche merkwürdig üppige subtropische Vegetation, die einen seltsamen Kontrast bildet zu dem struppigen und ernsten Vegetationscharacter der Nord-Liukius. Auch die japanische Race schien mir hier kräftiger, grösser und weniger schlitzäugig zu sein, als weiter im Norden.

90 Seemeilen südlich Kagoshima passirten wir die Insel Yerabu; der dicke Rauch verkündigte einen thätigen Vulkan, ein anderer ist seit wenigen Jahren erloschen. Schwefel und getrocknete Fische bilden den einzigen Export; viele Hirsche und Wildschweine bevölkern die waldige Insel. Die ca. 2000 Einwohner sind echte Japaner und gehören zum Satsuma Clan, doch sollen sie arm und träge, die Häuser klein und schmutzig sein; den Transport vermitteln kleine Pferde, wovon das Stück nur 1½—2 $ kosten soll (?).

In der Ferne sahen wir die grosse flache Insel Yakushima, die hauptsächlich prächtige Cryptomerien und andere Hölzer liefert.

Die kleinen vulkanischen Inselchen der nördlichsten Gruppe der eigentlichen Liukius, die Shichito oder 7 Inseln passirten wir des Nachts, die erste grössere Insel war Oshima, ca. 252 Seemeilen von Kagoshima, eine bergige, düstere Insel, aus Urgestein aufgebaut, mit vielen Buchten und einigen guten Häfen, mit 30—50 000 Einwohnern, echte Liukiu-Insulaner, die aber ihren kleinen mit 2 Haarnadeln geschmückten Liukiuzopf zum grossen Theil schon gegen japanische

Haartracht vertauscht haben; die Frauen tättowiren ihre Hände mit hübschen blauen Mustern, auch eine Sitte, die im Aussterben begriffen ist, da die japanische Regierung es verbietet. Was aber leider nicht im Aussterben begriffen ist, das sind die Habus, die gefürchteten Giftschlangen, welche den Liukius ein so schlechtes Renommé verschafft haben. Es ist der Trimeresurus Riukiuanus, eine Schlange von 5—6 Fuss, die auch auf Bäume klettern kann, von Vögeln, Ratten, Fröschen lebt, und selbst nach meinem japanischen Gewährsmann in den Hühnerhäusern den Eiern nachgehen soll (?); sie würde nicht gefährlicher sein, wie andere Giftschlangen auch, wenn sie nicht den Menschen unprovocirt angreifen würde; wenn sie nämlich den Menschen hört, läuft sie für gewöhnlich nicht davon, wie die grosse Mehrzahl der Giftschlangen, sondern legt sich auf die Lauer. Gewöhnlich ist der Biss nach wenigen Stunden oder höchstens 2 Tagen tödtlich, manchmal soll Lähmung erfolgen, kleinere Glieder werden meist nach dem Bisse amputirt; jährlich sterben auf dieser einen Insel ca. 40 Leute daran, 80 werden gebissen; an dem Tage meiner Ankunft war auch gerade ein Mann gestorben, der Tags zuvor beim Batatengraben gebissen worden war. Die erste Frage nach meiner Landung war, ob ich nicht ein Mittel gegen den Schlangenbiss wüsste. Wie ein Fluch lastet diese Plage auf dem Lande, Dörfer werden verlassen, wo sie zu sehr überhand nimmt; meine 2 Kulis waren nicht zu bewegen, vom Pfade in ein kleines, besonders dichtes, und deshalb botanisch viel versprechendes Holz mit mir einzudringen; wir mussten uns im Walde immer auf den Pfaden halten oder wenigstens soweit wir das Unterholz übersehen konnten. Etwas Aehnliches habe ich auf meiner ganzen 4jährigen Reise nirgends gesehen; nur in China wurde ich einmal aus ähnlichem Grunde von meinen Kulis verlassen, aber da hatten die Kulis auch in Erfahrung gebracht, dass das Gehölz einem Tiger als Schlupfwinkel diene. Man erzählte mir, dass, als in Oshima ein Platz zur Erbauung eines Leuchthurmes gesucht wurde, 10 Leute mit grossen Bambusstangen vorangegangen seien, um die Schlangen aufzustöbern. Es steht eine Prämie von 10 sen (25—30 Pf.) auf die Tödtung einer Habu, aber man merkt kaum eine Verminderung. Es giebt 2 Varietäten, die Gold- und die Silber-Habu, je nachdem die Zeichnung mehr gelb oder weisslich ist; die Art ist mit Ausnahme weniger Inseln über die ganzen Liukius verbreitet, aber nirgends so häufig wie in Oshima und Tokunoshima, sowie in einigen ganz kleinen Inselchen. In Formosa kommt eine ganz nah verwandte Art vor, in Japan keine. — Auch von Pflanzen erreichen viele sehr characteristische hier ihre Nordgrenze, nämlich die Sago Cycadee (Cycas revoluta), häufig fälschlich Sagopalme genannt[1]), ferner eine echte Palme, die durch die ganzen Liukius und Formosa vorkommt, eine Verwandte der malayischen Zuckerpalme, die erst jetzt einen lateinischen Namen erhalten hat, nämlich Arenga Engleri Becc; (sie wird verschiedentlich in Beschreibungen der Liukiu-Inseln als Caryota angeführt). Ferner vor allem eine werthvolle Gespinnstfaser, nämlich ungefähr dieselbe, aus welcher der Manillahanf bereitet wird, Musa Baschio, eine Bananenart, die vielfach gebaut und deren Faser zu billigeren aber sehr dauerhaften Geweben verarbeitet wird. Die Cycas ist fast die wichtigste Pflanze der Liukiu-Inseln, sie heisst dort Sotetsu, wächst an den steilen Abhängen und bildet durch den Sago im Innern des Stammes kleine Proviantmagazine für Zeiten der Noth. Der Sago ist nicht so gut wie der Sago aus der echten Sagopalme des malayischen Archipels, auch wachsen die Pflanzen viel zu langsam, als dass sich der Anbau für den Export rentiren könnte; die Pflanze ist aber sehr wichtig für den häufig eintretenden Fall, dass Taifune die Haupternten zerstören. Früher gab es deshalb in Okinawa einen eigenen Beamten, der die Anpflanzungen zu kontrolliren hatte; jetzt ist bei der vortrefflichen Verbindung mit Japan die Sache nicht mehr so dringend. Neuerdings werden junge Pflänzchen der Cycadeen massenhaft exportirt nach Japan und auch nach Europa, speciell auch von einem deutschen Gärtner in Yokohama; derselbe hatte mir vorher die Liukius, die er selbst besucht hatte, um den Handel einzurichten, in so schwarzen Farben wie möglich geschildert, den Schmutz, die Schlangen, den Mangel an Comfort etc., wie es scheint, aus leicht zu errathenden Gründen; ich kann nur sagen, dass für den, der mit japanischer Kost zufrieden ist, oder sich selbst Proviant mitnimmt, bis auf die Taifunzeit das Reisen in und nach den Liukius jetzt absolut nicht mit Schwierigkeit verbunden ist. Als Nahrungsmittel dient hier wie auf der ganzen Kette vor allem die Batate oder Süsskartoffel. Dieselbe hat eine merkwürdige Geschichte; sie wurde 1610 von Luzon nach China, von dort dann nach den Liukius eingeführt, weshalb sie auf den Liukius Kala-imo oder chinesische Kartoffel genannt wird. 1698 wurde dann ein Korb voll nach Satsuma dem Daimio zum Geschenk gesandt; sie heisst deshalb in Satsuma Liukiu-imo, also Liukiu-Kartoffel; von dort verbreitete sie sich in Japan wieder als Satsuma-imo und wanderte als solche wieder zurück, so dass man jetzt auf den Liukius Kala-imo und Satsuma-imo als Varietäten unterscheidet. Reis wird nicht sehr viel und in schlechter

[1]) Sie wächst auch noch in den Thälern der Süd-Insel von Japan wild, doch ist es zweifelhaft, ob sie dort ursprünglich heimisch ist.

Qualität gebaut. Hauptexportartikel ist Zucker; im Jahre 1878 z. B. fast 5 Mill. kg von der einen Insel allein. Eine kurze Zeit lang, Ende der 70ger, bestand hier auch eine Zuckerraffinerie des Fürsten von Satsuma, mit Hülfe einer europäischen Firma von Nagasaki eingerichtet; man baut auch den sog. wilden oder Berg-Indigo (Yama-ai), eine Acanthacee, hier sowohl wie auf den meisten übrigen Liukius, ebenso sind neuerdings auf den Bonin-Inseln Pflanzungen davon angelegt. Die Pflanze, die in der That verdient, dass man sich mehr mit ihr beschäftigt, soll einen viel besseren Indigo enthalten, als die gewöhnlichen Indigo liefernden Arten Japans; der Indigo soll in der That an Güte dem indischen nahe kommen [1]).

Eine Tagereise bringt uns dann nach der Hauptinsel Okinawa, nach dem mehrfach beschriebenen Hafen Nafa, ca. 400 Seemeilen von Kagoshima. Welche Mühe und Zeit hat es Hall, Beechey und Perry gekostet, nur die Erlaubniss zu erlangen, ans Land zu gehen; wie wurden sie fortwährend von Kundschaftern umschwärmt, die jeden Verkehr mit den Eingeborenen verhinderten und sie fast in jedem Haus durch ein Thee-Gastmahl aufzuhalten wussten. Wie anders ist es jetzt; schreiend erwartet uns am Lande eine Unmenge von Frauen, die sich sofort unsere schweren Gepäckstücke auf den Kopf laden und damit in den engen Strassen verschwinden, wobei es natürlich nicht ohne Streit untereinander abgeht; sie sollen über 1 Centner auf dem Kopf tragen können. Ein kleines japanisches, sehr primitiv eingerichtetes Hôtel, natürlich nach Landesbrauch ohne Stuhl und Tisch, bietet uns gewünschte Unterkunft. Die älteren Expeditionen, auch Capitain Hernsheim noch, haben Frauen kaum zu Gesicht bekommen; wir dagegen plaudern und handeln mit ihnen auf den Märkten; wenn wir die Insulaner in ihren Häusern aufsuchen, werden wir auch von den Frauen begrüsst, freilich ziehen sie sich dann gleich zurück; nur vor dem photographischen Apparat haben sie noch etwas Scheu, doch das ist fast bei allen Völkern Ostasiens der Fall. Dass dort jetzt ein kleiner japanischer Photograph ansässig ist, beweist wenigstens, dass auch diese Neuerung schon Anklang findet. Der Hafen ist mit Djunken belebt, und, ein ungewohnter Anblick, selbst 2 kleine japanische Handelsdampfer, der eine dem Fürsten von Satsuma gehörig, lagen schon in dem Hafenkanal, so dass wir einen Tag draussen im Aussenhafen warten mussten. Hier wie auf den ganzen Liukius

---

[1]) Nachträglich erfahre ich, dass auch in Süd-China eine Acanthacee (wohl jedenfalls dieselbe) wegen der blauen Farbe kultiviert wird; es ist Strobilanthes flaccidifolius Nees, in Indien als Room oder Assam Indigo, in China als Sam Yip bekannt.

sind die Böte sehr primitiv, theils grosse schlecht gefügte platte Fahrzeuge, die fortwährend auszuschöpfen sind, theils Böte aus einem Stamm, wozu das Holz aus Kagoshima kommt, die aber auch meist nicht dicht sind, mit Paddelrudern, endlich auch gezimmerte Böte, die aber in der Form der eben erwähnten Kategorie nachgebildet sind. Das Segeln ist sehr unbequem, indem das Segel durch eine Reihe von Querstangen aus Bambu gespannt wird und vom Ende jedes Bambus eine Schnur ausgeht, wodurch man eine verwirrende Menge von Schnüren zu bemeistern hat; Steuer besitzen die Böte nicht. Auch das Fischen geschieht sehr primitiv, meist mit Angeln auf den Korallenbänken, oder mit Handnetzen zum Auswerfen in den schlammigen Theilen des Hafens, wobei die Fischer knietief durch den Schlamm waten. Die besseren japanischen Systeme werden verworfen, wurde mir versichert, weil dann der Fang zu schnell ginge; es scheint mir sehr begreiflich, da der Mann doch auch seinen Tag verbringen will; die Hauptarbeit thut nämlich die Frau, selbstverständlich schwerere Arbeiten wie Pflügen etc. ausgenommen. Sehr originell beschreibt ein Chinese die Arbeitstheilung folgendermaassen: »Die Frauen ernähren die Männer; diese sitzen auf den Matten im Schatten eines grossen Baumes und fächeln sich, in der linken Hand halten sie eine Tabackspfeife und in der rechten den Theetopf; niemals gedenken sie der Anstrengungen und Leiden der Frauen«. Doch gilt dies alles nur von den höheren Ständen und namentlich den Adeligen. Die Gärten sind nach chinesischer Art abgeschlossen, die Mauern dazu bestehen aus fein ineinander gefügten Korallenkalkblöcken. Auch der Hafen ist durch 4—8 Fuss hohe Mauern eingefasst; in derartiger Arbeit sind sie den Japanern überlegen; selbst vor den Eingängen der Gärten befindet sich meist noch eine Mauer, um auch das Hineinsehen zu verhüten. In der Stadt tragen die Häuser Ziegel nach chinesischem Muster, in den Dörfern Strohdächer nach japanischer Art. Jinrikshas (von Männern gezogene Wägelchen) giebt es auch schon in Nafa. Früher gab es keine Läden, jetzt sind eine Reihe japanischer Läden hier, wo uns vor Allem auch Bass Pale Ale und namentlich Flensburger Stockbier anheimelt. Auf den Märkten fällt uns eine schwarz und weiss quer gestreifte Seeschlange, die Erabu unangi, d. h. der Aal von Erabushima, Platurus fasciatus, vor Allem auf, die getrocknet und geräuchert für 40 Pfg. bis 1,20 Mk. verkauft wird. Es ist eine Schlange mit stark entwickelter Giftdrüse; die Taucher fangen sie auf den Korallenriffen mit der Hand und beissen ihnen, was ich selbst gesehen habe, das Genick durch; die Schlange soll aber trotz ihres Giftes nie beissen.

Die Industrie ist recht bedeutend; Glasflaschen werden auf der Insel selbst, in Tsuboia, hergestellt; Steingut, aber nur gewöhnliches, auf einer Insel nahe Okinawa (früher wurden auch feinere Porzellansachen auf den Liukius hergestellt); feine Porzellanerde wird in der südlichsten Gruppe gefunden; von Töpferei habe ich vor Allem die grossen Kruken zu erwähnen, die das Regenwasser aufnehmen, das von den seitlich unterhalb der Dächer befestigten Bambusrinnen aufgefangen wird, die Ziegel werden auch in Okinawa gemacht; auch gewöhnliche Lacksachen werden angefertigt, sowie Messing und Zinnarbeiten. Vor Allem wird viel gewebt, in Hausarbeit und in Fabriken; eine, die ich in Shuri besuchte, beschäftigte über 60 Frauen; das Garn wurde ebendort auch mit Indigo gefärbt; hier wurden fast nur grobe Stoffe gefertigt, meistens aus Manillahanf. Zum Rothfärben geht das Tuch meist nach einer kleinen benachbarten Insel Kumeshima; jede Insel hat ihre Specialität und eigenen Muster. Die Baumwolle wird fast gar nicht gebaut, aber in grossen Quantitäten eingeführt, speciell englische Garne, auch gefärbte. Der Export aller Zeuge nach Japan ist zwar nicht sehr bedeutend, aber immerhin bemerkenswerth.

Ein grösserer Exportartikel ist Awamori, ein Branntwein, bereitet aus italienischer Hirse und Reis, auch aus Hirse allein. Er wird in grossen Kruken zu 18 Litern exportirt; eine solche Kruke kostet ca. 4 Mark. Es war eine der wichtigsten Ladungen für das zurückkehrende Schiff und schon bei der Ankunft warteten unser am Strand ungeheure Reihen derselben.

Der Hauptexport des ganzen Okinawa-Ken besteht aber aus Reis, natürlich je nach der Ernte sehr verschieden viel, in einem Jahre betrug der Export z. B. 6 Mill. Liter; viel geringer ist der Export von Weizen, Hirse, Bohnen, Sesam; Zucker in demselben Jahre 30 000 kg, dagegen enorm der Export von Bataten, fast 150 Mill. kg., ferner neben dem Awamori und den Stoffen noch Seegras, Lacksachen, billige Matten, gesalzenes Schweinefleisch etc. Hauptimportartikel dagegen ist Baumwolle, Taback, Thee, Oel, Sake (Reisbier), Maccaroni, Papier, Nesselgras, Seegras, Metalle und bessere Sorten von Reis.

Die frühere Residenz Shuri ist ½ deutsche Meile von Nafa entfernt, höchst malerisch einige hundert Fuss über dem Meere gelegen. Die Residenz ist jetzt von einer japanischen Garnison eingenommen; der Berg, auf dem dieselbe liegt, ist auf sehr kunstvolle Weise durch mächtige Mauern, die an einigen Stellen bis 60 Fuss hoch sind, terrassirt; auch diese Mauern sind ausserordentlich kunstvoll und solide ineinander gefügt und haben einem kolossalen Seitendruck der Erde Widerstand zu leisten; ein lebhaftes kleines Pony mit einem Zaum aus Zeug und mit riesigen Messingschuhen als Steigbügel brachte mich dahin. Ein schöner Hain mit Brunnen befindet sich zwischen Residenz und Stadt, angenehme Kühlung spendend und voll von interessanten Pflanzen.

Doch schon zu lange verweilen wir auf der noch relativ am besten bekannten Hauptinsel. Wir benutzen, da unser Schiff hier sein Endziel hat, den seltenen Glücksfall, dass gerade ein kleiner privater Steamer im Hafen liegt und besuchen mit ihm die südlichen Inseln. Der Dampfer heisst zwar Taijumaru, aber nirgends ist etwas von dem Namen zu lesen, dagegen prangt hinten gross und deutlich der Name Wilhelmine Emma, Glasgow, eine kleine Aufmerksamkeit des Zufalls. Wir legen in Kerama an, einer kleinen Insel westlich von Okinawa, wo es sehr viele Hirsche giebt, früher den Königen gehörend; sie sollen aus Japan importirt sein. Die ca. 500 Fuss hohen Inseln bestehen unten aus dunklen Schiefermassen und Conglomerat, oben ist Gneiss und darüber liegen crystallinische Schiefer; sehr originell sind die ganz gemauerten Schweineställe, zu denen einige Stufen hinunterführen. Die Schweine spielen eine sehr grosse Rolle in den Liukius und sind sehr billig; in Miyako kosten sie nur 10 Mark, in Okinawa 12—16 Mark. In Shuri sollen nach japanischen Quellen täglich über 100 Schweine geschlachtet werden, daneben auch ein Paar Rinder; Milch wird von den Liukiu-Insulanern nicht genossen.

Die nächste Station war die kleine Insel Kumeshima, wo von Japanern nur ein Gouverneur lebt. Sie besteht aus ca. 3 bis gegen 800 Fuss hohen aber dicht bewaldeten Hügeln, an die sich nach Westen hin eine flache bebaute Ebene anschliesst; hier wird viel Reis gebaut, gefärbt und gewebt.

Viel wichtiger ist Typinsan oder Miyakoshima, ca. 130 Seemeilen von Okinawa entfernt, eine dicht bevölkerte flache Insel aus gehobenem Korallenkalk bestehend, voll von tiefen Grotten, in denen sich süsses Wasser ansammelt. Ich hatte von der Regierung in Okinawa einen Begleiter mitbekommen, ob als Spion oder als Fremdenführer, ist mir unklar geblieben, jedenfalls verschwand er bald darauf, nachdem er sich von meiner gänzlichen Ungefährlichkeit überzeugt zu haben schien. Als dieser mich in Miyakoshima angemeldet hatte, wurde ich sofort den Hügel hinaufgeführt, wo mitten unter prächtigem Pandanusgebüsch ein Marmorstein auf einem Granitsockel stand, auf dem ich Folgendes las: »Im Juli 1873 ist das deutsche Schiff R. J. Robertson, geführt von Kapitain Hernsheim aus Hamburg, an den Felsen der Küste von Typinsan gestrandet. Die Besatzung wurde mit Hilfe der

Uferbewohner gerettet, in Sicherheit gebracht und während 34 Tage gastlich aufgenommen, bis sich am 17. August 1873 die Heimreise bewirken liess. In Anerkennung dieses rühmlichen Benehmens haben Wir Wilhelm, von Gottes Gnaden deutscher Kaiser, König von Preussen, die Aufstellung dieses Denkmals zur bleibenden Erinnerung angeordnet«.

Auch ein Fernrohr wurde im japanischen Amtsgebäude bewahrt, gleichfalls ein Geschenk des Kaisers. Zwei goldene und eine silberne Uhr, Abschieds-Geschenke der Schiffbrüchigen, sollen noch in Shuri aufbewahrt werden.

Auch mich nahmen die »Uferbewohner« sehr freundlich auf und zeigten das Wenige, was dort zu sehen war, namentlich die Bereitung des Awamori-Branntweins, die sehr einfach ist, ferner die Schuppen, wo gewebt wird, wobei mir auffiel, dass die Frauen immer eine Pfanne mit glimmender Hirsespreu unter dem Webstuhl stehen haben, um das Zeug trocken zu halten; hier wird auch Hanfzeug verfertigt und namentlich feines Nesseltuch, wovon das Stück von 28 Fuss Länge, wie schon erwähnt, manchmal mit 60 Mark bezahlt wird. Trepang wird von hier nach China exportirt, aber da keine directe Verbindung existirt, über Japan; auch hier wird wenig Reis, wenig Manillahanf und sehr viel Bataten gebaut. Es leben auf der engeren Gruppe 50 Japaner, darunter 21 Angestellte; da letztere zusammen nur 20,000 Mark Gehalt beziehen, so kann man die Kosten der Verwaltung nicht übermässig gross nennen. Dagegen muss die Gruppe jährlich 40,000 Mark in Produkten, d. h. in Hirse und Reis, nach Japan abliefern. Ein Hafen ist eigentlich nicht vorhanden, man ankert zwischen 2 Inseln weit vom Lande in 16 Faden Tiefe. Auf der Gruppe sind 4 Schulen, 3 davon auf der Hauptinsel, doch ist das für die 32,000 Einwohner nicht genügend, es wurden deshalb mehr geplant; die Lehrer sind natürlich Japaner und das System ganz das in Japan gebräuchliche; die Kinder schienen mir aufgeweckt und begabt; die Aermeren brauchen nichts zu bezahlen, dagegen müssen die Wohlhabenderen Schulgeld erlegen.

Am interessantesten aber ist die Art der Tättowirung der Hände. Während sich in Okinawa nur verheirathete Frauen tättowiren lassen und zwar nach einem bestimmten Muster, tättowiren sich die Schönen von Miyako immer die Muster der von ihnen gefertigten Stoffe auf den Arm, und zwar schon von früh an, so dass Heirathskandidaten in der Lage sind, sich den häuslichen Fleiss ihrer Herzensdamen wörtlich am Finger abzuzählen. Das einzige Missliche ist, dass eine Kontrolle nicht existirt, so sah ich kleine Mädchen, die sicher noch keine Kimonos weben konnten, schon mit Webzeichen versehen. Bei der fleissigsten Dame zählte ich auf Hand und Arm 53 Muster, doch höre ich, dass manche Damen die hübschen Muster sich doppelt eingraviren, oder sich auch die Muster ihrer Freundinnen einprägen.

Die Männer tragen als Amulet gegen Krankheiten eine kleine Schnur aus der Rheafaser am Handgelenk, einen Monat am rechten, den andern Monat am linken Arm, auch eine alte japanische Sitte; auch brennen sie sich manchmal schrotkugelgrosse Flecken an verschiedenen Körpertheilen ein und färben sie dann noch häufig mit Indigo, gleichfalls ein Gebrauch Japans. Hier sind ganz besonders viel Krähen und ein milanartiger Raubvogel, der zu bestimmten Zeiten im Herbst kommt, viel gefangen und von den Kindern als Spielzeug benutzt wird.

Ueber die nächste Insel Ischikagi will ich kurz hinweggehen; diese Insel bildet mit Iriomotte die Untergruppe Yerama, die 15,000 Einwohner mit ca. 250 Japanern zählt, davon kommen auf die Hauptinsel 10,000. Ischikagi ist sehr bewaldet und hat wohl den höchsten Berg der gesammten Liukius, den Omotodake, der 1680 Fuss hoch ist. Exportirt wird neben Reis und Hirse hauptsächlich Holz, namentlich Eiche und Kiefer, Manillahanf ist viel vorhanden. Dort wächst der beste Taback in den Liukius, der in Kagoshima in kleine Cigarren verarbeitet wird; auch Hanfzeug wird exportirt. Die Perlmuttermuschel, Jakogai genannt, die von Okinawa in ziemlichen Quantitäten exportirt wird, wird auch hier von Leuten aus Okinawa manchmal gesammelt. Hier sah ich unter Anderen auch Scorpione und Landschildkröten. Theile der Insel sind recht ungesund durch Fieber, während die nördlicheren Gruppen der Liukiu-Inseln davon ziemlich verschont zu sein scheinen.

Ischikagi hat gar keinen Hafen, man liegt eine Stunde weit vom Lande zwischen der Insel und einer kleineren gegenüber. Als wir ans Land fuhren, schlug gerade nicht weit von uns ein Kanoe mit Taback und Branntwein beladen um; obgleich unsere 5 Ruderer sofort ihr schnellstes Tempo aufsetzten, waren doch unterdessen schon 4 Kanoes an der Küste klar gemacht und mit Blitzesschnelle beim Rettungswerke, d. h. natürlich des Tabacks und Branntweins, während sich um die Leute im Wasser kein Mensch kümmerte. Sie hatten es als vorzügliche Schwimmer, wie alle Liukiuleute, auch nicht nöthig, sondern schwammen wie Pudel hinter den Böten her. Die Bevölkerung der Insel soll aber abnehmen, deshalb sind Familienväter mit 5 Kindern steuerfrei; die Zahl der Männer soll so überwiegen, dass man den Plan hatte, Japanerinnen zu importiren.

Iriomotte, die letzte grössere Insel, ist schrecklich ungesund; sie war vor 20 Jahren eine Strafkolonie des Königreiches Liukiu, damals war sie noch ungesunder. Eine 67 jährige Frau erzählte, als sie dorthin kam, waren 80 Häuser in ihrem Dorf, jetzt nur noch 20. Ganz Iriomotte hat nur 2000 Einwohner. Die Insel ist ganz gebirgig, mit Spitzen bis 1450 Fuss hoch, wunderbar schön und dicht bewaldet, mit reizenden tropischen Landschaften, Mangrove-Waldungen und Wasserfällen; leider kommen aber lästige Springblutegel hier vor und wie überall Mosquiten und Fliegen in Massen. Der Hafen von Funaoki im Norden ist mässig geschützt und in der Mitte bis 28 Faden tief. An der andern Seite ist die »Seymourbucht«, nur 13 Faden in der Mitte und mit vielen Untiefen. Die Insel besteht grösstentheils aus Sandstein, die Flötze von Kohlen führt, an der Ostseite der Insel soll anderes Gestein, wahrscheinlich Schiefer zu Tage treten. Seit 5 Jahren wird die Kohle exploitirt, durch die Mitsiu-Compagnie in Tokio, aber in sehr primitiver Weise; nicht einmal Karren und Schienen zum Hinausbefördern der Kohlen waren da; das Flötz ist nur 70 cm dick, Arbeiter waren 103 dort, theils Japaner, theils Leute von Okinawa, doch sollen sie allmählich bis auf 1000 vermehrt werden; sie sind aber schwer zu erlangen, oder theuer, weil die Gegend so ungesund ist, wenngleich der Gesundheitszustand in diesem Jahre einigermaassen gut war. Die Idee ist, die Kohlen direkt nach Hongkong zu verschiffen, damals war in dem ganzen Jahre nur zweimal ein Dampfer von 800 Tonnen nach Hongkong abgegangen, ausserdem nahm unser Dampfer für eigenen Gebrauch Kohlen ein; doch war es beabsichtigt, eine monatliche Verbindung mit Hongkong herzustellen. Die Tonne kostet zwar nur 1,20 $, also noch keine 4 Mark, ist aber sehr schlecht, und die Beförderung auf's Schiff so primitiv und zeitraubend, dass es kaum rentiren kann. So versprach bei dem Leuchtthurmdampfer 1886 der Chef der Grube für den Nachmittag 100 tons, nach 26 Stunden waren aber erst eben 12 tons geschafft, so dass der Dampfer es aufgab, auf den Rest zu warten. Die Konkurrenz mit dem energisch aufstrebenden benachbarten Kelung in Formosa wird ohnehin schwierig sein, doppelt dann, wenn die Japaner dabei verharren, keine Chinesen in die Liukius hinein zu lassen.

Hier erlebten wir einen starken Taifun; es war im October; wir sollten eigentlich schon wieder auf der Fahrt sein. Glücklicherweise hatte sich wie gewöhnlich das Kohleneinladen verzögert, und als die Kohlenböte sich vor dem Sturme retten wollten, war ihnen die Rückkehr zum Dorf abgeschnitten und sie wurden in die Mangrovewälder des hinteren Theiles der Bucht getrieben; eins davon zerschellte auf einem Heuschobergrossen Felsen in der Bucht, die Leute klammerten sich an den Felsen, machten uns Zeichen, die wir beantworteten und banden sich dann mit ihren Tüchern an der Leeseite des Felsens fest, jede Welle des aufgeregten Hafens spritzte über den Felsen; dies war Morgens. Nachmittags sandten wir ein Rettungsboot mit 5 Mann, um sie abzuholen; pfeilschnell schoss aber dasselbe bei dem Felsen vorbei und verschwand in den Mangrovewäldern. Am nächsten Morgen passirte das Centrum des Sturmes in unserer Nähe, es gab deshalb ruhigere Momente und das Rettungsboot kämpfte gegen den Wind an, holte die Leute von der Klippe und brachte sie an's Schiff. Die Liukiu-Leute, welche 24 Stunden beständig bespült und bespritzt worden waren, tranken in aller Gemüthsruhe einige Awamori-Schnäpse und gingen wieder an die Arbeit. Unsere Lage war so gut, wie sie in den Süd-Liukius sein kann, aber dennoch hatten wir uns dreifach verankert und Dampf aufgesetzt, und ungefährlich war es immerhin nicht, denn wären die Ketten gerissen, oder sassen die Anker nicht gut, so wären wir unzweifelhaft gegen die hohen Felsen geschleudert, die überall die Bucht einfassen. Auf unserer Hinreise hörten wir überall nur freudige Berichte, dass Reis- und Zuckerernte diesmal gelungen seien, da nur 1 Taifun, im August, gewesen und nicht viel geschadet hatte; auf der Rückreise hörten wir klagen, dass z. B. auf Miyakoshima die ganze Zuckerernte verloren sei; dort war der Zuckerbau in grösserem Maassstab erst vor wenigen Jahren von Okinawa aus eingeführt. Im Durchschnitt gehen im Jahre 4—5 Taifune über die Liukius; sie entstehen in den philippinischen Gewässern, gehen dann nach Norden, richten häufig in Luzon z. B. Manilla furchtbare Zerstörungen an, gehen dann bald rechts, bald links bei Formosa vorbei, die links gehenden berühren dann oft Hongkong, die rechts gehenden bilden die Mehrheit, sie ziehen sich über die Liukius nach Japan hin, seltener auch weiter rechts bis zu den Bonin-Inseln, von Japan aus biegen sie dann in den Stillen Ocean ein, nachdem sie manchmal sogar noch in Yokohama Unheil angerichtet haben. Die Mehrzahl fällt in den Hochsommer bis Spätherbst. Auf unserer Rückkehr sahen wir in Miyako einen japanischen Kutter mehrere Fuss hoch über Meeresspiegel auf den Felsen sitzend, durch diesen Sturm dorthin geschleudert. Während des Sturmes noch waren, wie der Gouverneur mir erzählte, Leute von Ikema und Jerabu in ihren ausgehöhlten Stämmen herangefahren, um zu stehlen; die Ikemaleute sollen den Wilden Ostformosas darin nichts nachgeben. Im Allgemeinen dagegen sind die Liukiu-Insulaner ehrlich, mässig, auch im Trinken von Branntwein, reinlich für den, der von China kommt, schmutzig für die Japaner; sie sind willig, der Autorität folgend, sparsam, das gemeine Volk ist fleissig und ausdauernd, der Adel dagegen war bisher faul und herrisch, andererseits aber auch theilweise klassisch gebildet (natürlich in chinesischem Sinne). Da er an Zahl ungeheuer gross war und der Kastengeist stärker als in Japan, so übte er natürlich einen gewaltigen Druck auf das Volk aus, was sich schon in den äusseren, im wörtlichen Sinne kriechenden Formen ausgeprägte, ohne dass es dem Adel gelang, wie der altjapanische, ein Hort der Nationalität zu sein und das bewegende Element einer nationalen geistigen Entwickelung zu werden. Die älteren Beschreiber der Hauptinsel geben interessante Belege dazu, ohne dass sie natürlich die inneren Verhältnisse verstehen konnten. Jetzt natürlich, in der japanischen Aera, ist die Rolle des autochtonen Adels ausgespielt; man merkt nichts von ihm, oder wenigstens tritt er nach aussen ebenso wenig hervor, wie in Japan die Samurais als solche. Für das Volk ist die Annexion in Wirklichkeit ein Segen; zwar hasst es natürlich die japanische Bureaukratie und Fremdherrschaft, aber man kann durchaus nicht sagen, dass Japan irgendwie seine Stellung missbraucht oder das Land aussaugt. Japanische Kaufleute, Fabrikanten und Compagnien bringen Geld in's Land hinein, die Hilfsmittel europäischer Kultur werden zugänglich gemacht, Hungersnoth durch die Taifune gehört bei den jetzigen Verbindungen zu den Unmöglichkeiten, kurzum, die Liukius sind auf dem besten Wege, den grossen Vorsprung japanischer Kultur langsam einzuholen. Für Japan haben die Inseln nicht so sehr viel Werth; als Auswanderungsgebiet sind sie nicht tauglich, die nördlichen zu bevölkert, die südlichsten zu gebirgig, heiss und ungesund, als Handelsgebiet ist die meist arme und anspruchslose Bevölkerung von 370,000 Einwohnern doch auch von nicht allzu grosser Bedeutung, nur durch die Production von Zucker, den Japan ja doch von aussen beziehen muss, wird es von grösserer Wichtigkeit. Politisch ist es in moralischer Hinsicht eine Art Demüthigung Chinas, die sich jenes Land kaum dauernd gefallen lassen dürfte, wenn es erst im Stande sein wird, seine Blicke auswärtigen Angelegenheiten zuzuwenden. Dem Volke und uns können wir dagegen nur wünschen, dass es den Japanern lange erhalten bleibt, und dass die europäischen Mächte, soweit sie es noch nicht gethan haben, den Besitz auch officiell anerkennen mögen.

Die Verkehrsverhältnisse in Mesopotamien.

Mit einer Karte (Tafel 2).

Von

Dr. B. Moritz.

(Vortrag, gehalten in der Geographischen Gesellschaft in Hamburg am 5. Juni 1890.)

Das Land Mesopotamien, auf das ich mir im Folgenden erlaube Ihre Aufmerksamkeit zu lenken, gehört trotz seiner verhältnissmässigen Nähe an Europa und trotzdem es als eines der ältesten und für die Kulturgeschichte bedeutungsvollsten Länder ein besonderes Interesse beanspruchen dürfte, noch immer zu den unbekanntesten Theilen von Asien und steht in dieser Hinsicht nur dem benachbarten Arabien nach. Zwar an Reisenden hat es auch hier nicht gefehlt. Zuerst und zumeist waren es Engländer, die in handelspolitischem Interesse die Erforschung des Landes in grossartigem Maassstabe unternahmen. Da sie aber zum grössten Theil in hochofficieller Eigenschaft reisten, so liegen ihre Berichte und Aufnahmen zumeist in den Regierungsarchiven vergraben. Meine Zwecke waren zwar bedeutend harmloser, doch hatte ich unter dem Misstrauen der türkischen Behörden, bei denen die Spionenriecherei jetzt in Aufnahme gekommen ist, nicht selten zu leiden. Es gelang mir im Jahre 1885 im Anschluss an meine Reisen in Syrien auch einen grossen Theil des nördlichen Mesopotamien kennen zu lernen; eine spezielle Mission führte mich dann 1886 nach dem Süden und ermöglichte mir, auf der Rückreise im Hochsommer des Jahres 1887 auch das mittlere Mesopotamien in seiner ganzen Breite zu durchziehen.

Mesopotamien, das Land zwischen den beiden Strömen Euphrat und Tigris, im Norden von den kurdischen Gebirgen begrenzt, im Süden bis zu dem Persischen Meere reichend, zerfällt geographisch in zwei durchaus verschiedene Hälften, das Diluvialgebiet von Nord-Mesopotamien und das Alluvialgebiet von Süd-Mesopotamien, das erstere eine Hochebene, die sich bei einer Länge von etwa 500 km von ca. 400 m Höhe im Norden bis auf 40 m über dem Meere abdacht. Der südliche Theil, von 40 m Höhe bis zum Meeresniveau sich senkend, repräsentirt eines der grössten Alluvialländer, das im Lauf von Jahrtausenden durch das von den beiden Strömen mitgeführte und abgesetzte Erdreich entstanden und noch in beständiger Vergrösserung, die ca. 20 m pro Jahr beträgt, begriffen ist.

Die nördliche Hälfte, Ober- oder Hoch-Mesopotamien, wird auf unseren Karten gewöhnlich als Wüste bezeichnet, ein Wort, mit dem man gewöhnt ist, den Begriff einer Sandwüste zu verbinden. Eine solche findet sich aber weder in Mesopotamien, noch in dem benachbarten Syrien, sondern erst auf der arabischen Halbinsel. Im Gegentheil ist diese sogenannte mesopotamische Wüste zum guten Theil kulturfähiges Land, wenigstens in den nördlichen Gegenden, den Strichen zwischen dem kurdischen Grenzgebirge und dem Singar, jenem schmalen isolirten Gebirgsrücken, der sich von Mossul nach Westen bis in die Nähe des Chabur vorschiebt. Hier überdeckt ein rothbrauner Humus den Gipsboden auf weite Strecken, die von zahlreichen Bächen, den Zuflüssen des Chabur durchströmt und von nicht minder reichen Quellen durchbrochen werden, deren Wasser freilich in Folge des Gipsgrundes meist schwefelhaltig, bitter salzig und lauwarm ist, Eigenschaften, die sich aber nur dem europäischen Reisenden, nicht den Eingeborenen, unangenehm bemerkbar machen. Wenn trotzdem dieses ganze Land gegenwärtig Wüste, d. h. nicht kultivirt ist, so liegt dies nur an dem Mangel einer ackerbauenden Bevölkerung, die diese Bodenverhältnisse nicht auszunutzen versteht. Auch im Alterthum können die natürlichen Verhältnisse nicht anders gewesen sein, und doch sehen wir an den zahllosen Ueberresten alter Ortschaften, die freilich nur als unscheinbare Schutthügel einsam aus der Wüste emporragen, dass dieselbe einmal ein reich bevölkertes Kulturland gewesen sein muss.

Diese fruchtbaren Strecken bilden allerdings nur den kleineren Theil des Landes. Je weiter nach Süden man kommt, namentlich von dem Singargebirge an, wo die Senkung der Hochebene schneller zunimmt, nimmt die Humusdecke allmählig an Dicke ab und macht schliesslich einer Kiesschicht Platz, die in wechselnder Stärke den Felsboden bedeckt, häufig in so geringer Mächtigkeit, dass das Gestein daraus zu Tage tritt. Mit dieser zunehmenden Sterilität des Bodens hängt die Verschlechterung der Wasserverhältnisse zusammen.

Während anfangs noch einzelne Quellen existiren, zum Theil von solcher Ergiebigkeit, dass sie in der Regenzeit kleine Bäche von freilich nur kurzem Lauf bilden, scheinen in den südlichen Gegenden Quellen überhaupt zu fehlen. Das zur Winterszeit in einzelnen heftigen Güssen herniederstürzende Regenwasser verdunstet bei der Trockenheit der Luft in wenigen Tagen oder laugt den salzhaltigen Gipsboden aus,

aus dem dann Salzkristalle auf weiten Flächen hervortreten und denselben wie mit einer dünnen Schneeschicht bedecken. Diese Salzseen, deren es vier grössere von einer Ausdehnung von durchschnittlich je 2 □Ml. giebt, bilden das Characteristicum dieses südlichen Theiles von Ober-Mesopotamien und der geologisch gleichartigen syrischen Wüste. Naturgemäs kann sich in diesen sterilen Gegenden nur eine sehr spärliche Vegetation entwickeln, die schnell wieder verdorrt, von der Gluthhitze des Sommers in Staub zerfällt und von den das ganze Jahr hindurch heftig wehenden West- oder Nord-West-Winden davon gewirbelt wird. Schon von Mai an erscheinen diese Steppen als eintönige weissgraue Flächen, in denen die Fata morgana im Verein mit den schimmernden Salzseen ihren bläulichen Wasserschein zaubert. Diese unwirthlichen Einöden, die selbst von der höher organisirten Thierwelt im Sommer verlassen und von den Stämmen nur während der Regenzeit und kurz nachher flüchtig durchzogen werden, bilden den Theil des Landes, der mit Recht als eine Wüste, d. h. eine zum dauernden Aufenthalt für Menschen ungeeignete Gegend bezeichnet werden kann.

In der Breite von Bagdad ändert sich der Character der Landschaft mit einem Schlage. Die Gesteins- und Kiesformation verschwindet und die Hügel, in welche die Hochebene ausläuft, verflachen sich u plötzlich in ein Tiefland von dunklem, schwerem Marschboden. Dieses Tiefland, eine Ebene in fast idealem Sinne des Wortes, insofern es von keiner natürlichen Schwellung des Terrains unterbrochen auf einer Strecke von 500 km nur um 40 Meter zum Niveau des Persischen Meeres sich senkt, ist jenes Alluvialgebiet von Süd-Mesopotamien, ein Land, geographisch und historisch von ganz anderem Interesse als die einförmige nördliche Hälfte, die in der Weltgeschichte nie eine hervorragende Rolle gespielt hat.

Während in Ober-Mesopotamien die Natur selbst der culturellen Entwickelung durch die Beschaffenheit des Bodens und die Wasserverhältnisse eine bestimmte Grenze vorgezogen hat, ist der Alluvialboden von Süd-Mesopotamien das denkbar günstigste, weil leicht zu bearbeitende und ergiebigste Kulturland, und es handelt sich hier nur darum, ihn durch genügende Bewässerung zu befruchten. Denn selbst der fruchtbarste Boden verliert seine Zeugungsfähigkeit in einem Lande, das von der Sonne während sechs Monate im Jahr mit einer Hitze von durchschnittlich 45° R. verbrannt wird und dessen Bodentemperatur in der Kernzeit des Sommers bis auf 60° R. steigen kann. Dass man sich dieser Aufgabe schon im Alterthum bewusst war und sie mit vollem Verständniss gelöst hat, beweist die von den alten Schriftstellern so viel gepriesene Ergiebigkeit des Landes, das jährlich zwei bis drei Ernten mit 300fältigem Ertrage des Getreides einbrachte, beweisen vor allem aber die Zahlen, die uns das Interesse alter und mittelalterlicher Schriftsteller an dem Lande über die Steuerträge desselben erhalten hat. Zwar möchte ich von den Angaben der ersteren absehen, theils weil sie nicht detaillirt genug sind um kontrollirt werden zu können, theils weil die damaligen Maasse und Münzen sich nicht mit der nöthigen Sicherheit auf die unsrigen zurückführen lassen; doch möchte ich die Notiz des Herodot erwähnen, dass zur Zeit der alten Perserkönige die Einkünfte derselben aus Babylonien den dritten Theil der Gesammteinkünfte ihres ungeheuren, von den Grenzen Indiens bis zu der Westküste Klein-Asiens und nach Aegypten reichenden Reiches bildeten. Sichere Zahlen haben wir erst aus dem Mittelalter. Demnach waren um das Jahr 550 n. Chr. — wiederum unter persischer Herrschaft — von den 24½ Millionen Hektar Gesammtareal des Landes gegen 22 Millionen angebaut, die dem Grosskönige 232½ Millionen Mark einbrachten. Mit der Eroberung des Landes durch die Muhamedaner begann der Verfall, nachdem in den langen Kriegen durch Vernachlässigung der Wasserbauten ausgedehnte Ländereien verödet waren. Kaum 90 Jahre später um 640 waren nur noch 7 Millionen Hektar bebaut, also nur noch ein Drittel, der Ertrag demgemäss auch auf 68 Millionen Mark gesunken. Um die Blüthezeit des Chalifats unmittelbar nach dem Tode des mit Unrecht berühmten Harun il Raschid betrugen die Einkünfte nur noch 65 Millionen, wovon 57 Millionen in Naturalien, nämlich 4¾ Millionen Centner Weizen und 4 Millionen Centner Gerste. Der letzterhaltene Bericht datirt aus dem Jahre 965, einer Zeit des wüstesten Verfalls. Obwohl das angebaute Terrain damals noch bedeutend abgenommen hatte, wusste die Raubsucht orientalischer Machthaber noch immer 56 Millionen daraus zu erpressen. So befand sich das Land auf der schiefen Bahn des unaufhaltsamen Verfalls, und dieser hatte sich längst vollzogen, als die vielgeschmähten Türken erschienen, die überhaupt erst seit 200 Jahren hier sitzen.

Das berühmte Wort von Napoleon über Aegypten, dass bei einer guten Verwaltung der Nil die Wüste, bei einer schlechten die Wüste den Nil erreiche, hat auch hier ihre volle Gültigkeit. Heutzutage erreicht nicht nur, sondern umgiebt die Wüste die beiden Ströme, die Lebensadern des Landes, die jetzt durch völlige Einöden fliessen. Vielleicht besser als durch lange Schilderungen dürfte dieser gegenwärtige Zustand der Verödung durch die einfache Thatsache illustrirt werden, dass an dem das ganze Jahr hindurch selbst für grössere

Dampfer schiffbaren Tigris erst reichlich 20 deutsche Meilen unterhalb Bagdad die erste feste Ansiedlung kommt, und dass überhaupt auf der ganzen, etwa 850 km langen Flussstrecke zwischen Bagdad und Basra ausser temporären Zeltlagern nur drei Ortschaften mit festen Häusern existiren, von denen höchstens die mittlere, Amâra, den Namen eines Städtchens verdient.

Ich bemerkte soeben, dass das Wohl und Wehe des Landes von der Regelung der Wasserverhältnisse abhängig ist. Sobald die Wasserbauten, Canäle und Dämme verfielen, welche diese Regelung besorgten, verdorrte das Land zur Wüste oder verwandelte sich in Sumpf und thatsächlich ist ganz Süd-Mesopotamien gegenwärtig weiter nichts als Wüste und Sumpf.

Die Wüste nimmt gegenwärtig etwa zwei Drittel des ganzen Landes ein. Da die Spuren der alten Bearbeitung längst verschwunden sind, so erscheint sie als eine glatte ebene Fläche mit wenig oder gar keinem Pflanzenwuchs; nur an tiefer liegenden Stellen, wo sich Regenwasser sammeln oder die Ueberschwemmung hindringen kann, zeigt sich eine spärliche Vegetation, die Nahrung der genügsamen Wüstenthiere. Im Ganzen aber sind solche Stellen selten, da der Boden besonders in der Nähe grosser Ruinenfelder einen starken Bittersalzgehalt besitzt, der keinerlei Vegetation mit Ausnahme einer Kalipflanze aufkommen lässt. Aus dieser fast tischgleichen Wüstenebene erheben sich als Zeugen der früheren Kultur Schutt- und Trümmerhügel, in einer Zahl, die sich nur begreifen lässt, wenn man bedenkt, dass Süd-Mesopotamien seit dem 3. vorchristlichen Jahrtausend bis an das Ende des 1. Jahrtausend unserer Zeitrechnung eines der am dichtesten bevölkerten Länder der Erde gewesen ist. Man hat die Bevölkerung des Landes, dessen Grösse der von Bayern, Würtemberg und Baden gleichkommt, auf etwa 20 Millionen berechnet, wogegen die heutige Bewohnerzahl noch nicht ½ Million erreicht.

Ausser den Hügeln sind es nur noch die Dämme alter Kanäle, die über die Ebene emporragen und sie in langen Linien durchziehen, bis sie mit dem flachen dunstigen Horizont verschwimmen. Nicht selten erreichen diese Dämme eine Höhe, die der von mässigen Hügeln gleichkommt. So hatten die Dämme eines Kanals von 50 m Breite, den ich in dem östlichen Theil des Landes auffand, eine Höhe von reichlich 15 m bei entsprechender Stärke.

Nichts beweist den anormalen Zustand, in den das Land gerathen ist, besser als der Gegensatz von Wüste und Sumpf. Während der eine Theil desselben durch Wassermangel der Kultur entzogen ist, ist der andere durch den Ueberfluss an jenem Element demselben

Schicksal verfallen. Gegenwärtig nehmen die Sümpfe bei normalem mittlerem Wasserstande etwa ein Drittel der Oberfläche des ganzen Landes ein.

Allerdings existirten einzelne solcher Sümpfe schon im Alterthum, aber keineswegs in so ausgedehntem Maasse wie jetzt, wo mehrere derselben einen Flächenraum von 25—50 □Meilen bedecken.

Die Existenz derselben beruht auf den regelmässigen jährlichen Ueberschwemmungen des Euphrat und des Tigris, ohne welche sie in wenigen Jahren verschwinden müssten. Zum Glück für das Land tritt die Schwellung der beiden Ströme nicht zu gleicher Zeit ein, sodass die Ueberfluthung, zumal da sie sich über grosse Strecken vertheilt, ziemlich allmählich vor sich geht. Der Tigris, dessen Lauf mehr Gefälle hat und bedeutend kürzer als der des Euphrat ist, fängt schon Ende Februar an bei Bagdad zu steigen. Anfang März beginnen dann im Tieflande die Kanäle und Sümpfe sich zu füllen. Das Hochwasser des Euphrat, das einen Weg von 2800 km zu durchlaufen hat, langt in Babylonien erst einen vollen Monat später an. Nun erfolgt ein rapides Steigen des Wassers. Die Kanäle und Sümpfe treten über, überschwemmen die Felder und meilenweit dringt die Fluth in die Wüste vor.

Mit Ende April, wo halb Babylonien unter Wasser steht, kommt das Steigen desselben zum Stillstand. Bei der zunehmenden Hitze, die schon im Mai den höchsten bis Ende September sich gleichbleibenden Stand von 40—50 Grad R. erreicht und bei den beständigen trockenen Westwinden muss der Fall des Wassers bald eintreten. Im August ist es in den kleinen Flüssen schon soweit verschwunden, dass z. B. der bei Schatra etwa 150 m breite Schatt el hai keinen Tropfen mehr hat, und die Einwohner des Ortes gezwungen sind, in dem trockenen Bett des Flusses Brunnen zu graben. Langsamer mag das Wasser auf dem überschwemmten Lande verschwinden, da es meist keinen Abfluss hat, sondern allmählich verdunsten muss. Erst Ende August oder Anfang September hat sich der tief aufgeweichte Boden der Ueberschwemmungsgebiete wieder so weit gehärtet, dass man ohne Furcht, in dem zähen Schlamm zu versinken, sich darauf getrauen darf; nur in den tiefer liegenden Gegenden, den perennirenden Sümpfen, die dann, wie bemerkt, noch ein Drittel des Landes ausmachen, hält sich das Wasser in beständiger langsamer Abnahme bis zum nächsten Frühjahr.

Fassen wir das Gesagte kurz zusammen, so ist der Character der beiden Landestheile der: Ober-Mesopotamien vom Gebirge im Norden bis in die Breite von Bagdad ist zum guten Theil von Natur eine Wüste, von der nur ein Streifen im Norden, ferner die östlichen und westlichen Ränder des Landes, die Stromthäler des Euphrat und Tigris kultivirbar sind. Süd-Mesopotamien dagegen, ein Kulturland im idealsten Sinne, ist jetzt eine künstliche Wüste, in der nur an Rändern der Ströme und der wenigen noch funktionirenden Kanäle sich Reste einer Kultur erhalten haben. So gleicht das Land einem absterbenden Körper, in welchem das Blut sich allmählich auf die letzten grossen Adern zurückgezogen hat. Vielleicht wäre der Tod, die völlige Verödung des Landes, ohne das Dazwischentreten der Europäer auch wirklich erfolgt.

Als Mesopotamien in unserem Jahrhundert hauptsächlich durch die Bemühungen der Engländer der Kenntniss und dem Interesse Europas näher gerückt war, tauchten auch bald die verschiedensten Projekte zur Hebung des Landes auf. Die einfachste Lösung wäre zweifelsohne die gewesen, wenn England damals es kurzer Hand annektirt hätte, wo es ihm so leicht gewesen wäre. Statt dessen begnügte es sich, den Handel zu monopolisiren, wohl in der Erwartung, dass ihm das Land dann früher oder später von selbst zufallen müsste. Darin dürften sich die Engländer aber getäuscht haben, denn inzwischen haben die Türken, die bis vor 40 Jahren hier nur nominell herrschten, sich nicht ohne Erfolg bemüht immer festeren Fuss zu fassen, und auch andere Nationen haben Interesse im Lande erworben oder behaupten wenigstens solche zu haben.

Deutschland allein hat sich wie um den Orient im allgemeinen, so um Mesopotamien im besonderen nie gekümmert und nie versucht, zu demselben in irgend welche Beziehung zu treten. Ist doch überhaupt erst einmal der Versuch gemacht worden, die Aufmerksamkeit des deutschen Publikums hierauf zu lenken, und dieser Versuch ist nicht mit Unrecht ohne Erfolg geblieben.

Als vor einigen Jahren die Kolonialbewegung ins Leben getreten war und nun allenthalben nach Kolonialgebieten gesucht wurde, veröffentlichte einer der bedeutendsten Orientkenner das Projekt, Mesopotamien durch eine massenhafte Ansiedlung deutscher Kolonisten zu bevölkern und es dadurch der Kultur wieder zurückzugeben.[1])

Jedenfalls hat dies Projekt insofern eine sichere Unterlage, als die unbestreitbare Thatsache vorliegt, dass man es hier mit einem eminent ertragsfähigen Lande zu thun hat. Es schwebt also nicht in der Luft wie so manche Kolonisationsvorschläge bezüglich afrikanischer

[1]) »Babylonien, das reichste Land in der Vorzeit und das lohnendste Kolonisationsfeld für die Gegenwart. Ein Vorschlag zur Kolonisation des Orients von Dr. A. Sprenger, Heidelberg 1886.«

oder anderer Länder, von deren Vorgeschichte man nichts weiss, und deren Rentabilität darum von der einen Seite mit derselben Entschiedenheit bestritten, mit der sie von der andern behauptet wird. Das Projekt krankt aber, abgesehen von verschiedenen kleineren Mängeln, an zwei Kardinalfehlern: erstens muss vom politischen Standpunkt aus bezweifelt werden, ob die türkische Regierung eine solche Masseneinwanderung, die, wenn sie Erfolg haben wollte einen Staat im Staate bilden müsste, begünstigen oder auch nur dulden würde, und das ist nach den Präcedenzfällen der deutschen Kolonien in Palästina nimmermehr zu erwarten; zweitens muss bezweifelt werden, ob deutsche Kolonisten bei den oben geschilderten Temperaturverhältnissen arbeitsfähig bleiben würden.

Als das nächste Mittel zur Hebung des Landes muss vielmehr die Verbesserung der Verkehrsmittel bezeichnet werden, und zwar in Bezug auf Schnelligkeit wie Bequemlichkeit und vor allem Billigkeit.

Der heutige Verkehr ist das gerade Gegentheil hiervon, äusserst langsam, beschwerlich, kostspielig, zeit- und stellenweise sogar gefährlich oder ganz unmöglich.

Der Brennpunkt des ganzen Verkehrs von Mesopotamien, die natürliche und zugleich politische Hauptstadt des Landes ist noch immer das alte Bagdad. Freilich erinnert die heutige Stadt kaum noch mit einigen dürftigen Resten an ihre glanzvolle Vergangenheit. Die Jahrhunderte langen Kämpfe der Perser und Türken um den Besitz Bagdads, in denen es mehrmals dem Erdboden gleichgemacht wurde, dazu von Zeit zu Zeit Pest, Cholera und verheerende Ueberschwemmungen haben aus der Weltstadt der Chalifen, der Metropole nicht blos des asiatischen sondern des Welthandels, jetzt eine unansehnliche türkische Provinzialstadt gemacht. Zwar schliessen die Stadtmauern noch immer einen Raum von 4 □km ein, aber mehr als die Hälfte desselben ist von öden Schuttfeldern oder Gärten eingenommen, und die Einwohnerzahl auf etwa 90,000 reducirt [1]). Man darf wohl

[1]) Diese Zahl konnte bis Mitte 1889 als annähernd richtig gelten. Ende Juli v. J. brach im südlichen Theile des Landes, angeblich in einem Dorfe nahe bei dem unteren Schatt il hai, eine Choleraepidemie aus, die sich schnell über ganz Babylonien verbreitete und hauptsächlich die städtische, theilweise aber auch die Landbevölkerung furchtbar dezimirte. Einzelne kleinere Städte sollen mehr als die Hälfte ihrer Einwohner verloren haben. In Bagdad selbst wurde die Cholera trotz der umsichtigen Maassregeln des Generalgouverneurs Mustafa Assim Pascha durch einen englischen Flussdampfer, der den Befehl zur Umkehr ignorirte, eingeschleppt. Die Stadt wurde sofort von dem grösseren Theil der Bevölkerung verlassen; nur der Regierungsapparat, die Beamten und das Militär sowie die ärmeren Leute blieben zurück. Unter den letzteren hat dann die Cholera am meisten gewüthet und binnen zwei Monaten gegen 10,000 Opfer gefordert (vergl. auch Oesterreichische Monatsschrift für den Orient, 1890 No. 2).

behaupten, dass die Stadt gegenwärtig ihre Bedeutung, ja vielleicht ihre Existenz dem Handel verdankt, denn von einer nennenswerthen Industrie ist keine Rede. Der Handel des Landes, der sich hier in Bagdad concentrirt, wird im Import jährlich auf über 15 Mill. Mark geschätzt, wovon der Löwenantheil natürlich auf England für Zufuhren an Baumwollstoffen, Eisen, Kupfer u. s. w. entfällt. Für den Export ist es mir nicht möglich eine Werthziffer beizubringen. Er setzt sich hauptsächlich aus folgenden Rohprodukten zusammen (1887):

Wolle.... 20,000 Ballen, wovon 20—30% weiss [1]);
Datteln .. 200,000 Kisten,
100,000 Körbe,
100,000 Ledersäcke; in Bagdad freilich nur 1/8 hiervon auf den Markt, fast alles in Basra;
Sesam....... 20,000 Sack,
Galläpfel .... 4000 » ausschliesslich nach England. Die Qualität derselben ist so gut, dass die minderwerthige Waare aus Klein-Asien, die über Smyrna nach Europa geht, unter dem Namen Mossuler Galläpfel in den Handel kommt,
Pers. Gummi ...... 500 Kisten;
Von Fellen hauptsächlich Lammfelle 500,000 Stück.

Getreide und Reis, Artikel, die die Hauptprodukte des Landes bilden sollten, kommen heutzutage nicht mehr zum Export, obwohl wenigstens Getreide noch vor einigen Jahren nach Indien ausgeführt worden sein soll.

Hier in Bagdad laufen die Verkehrslinien des Landes zusammen. Es sind freilich nicht viel: in der Hauptsache zwei Strassen, die die Stadt mit Konstantinopel verbinden, die eine über Syrien, speziell Aleppo, den Euphrat hinab, die andere durch Kleinasien via Diarbekr und Mossul am Tigris entlang; eine dritte Strasse verbindet Bagdad mit dem Hafen Basra, und eine vierte Querlinie führt von Persien über Bagdad nach Kerbela und weiter nach Mekka.

---

[1]) Da die Wolle der wichtigste Exportartikel Mesopotamiens und Syriens ist und bis auf lange hinaus bleiben wird, so dürften einige Bemerkungen hierüber am Platze sein.

Der Preis der Wolle stellt sich loco Basra pro Batman (= 15,3 kg) auf 100 Piaster (= 18,50 *M.*). Die Qualität derselben kommt den ordinären australischen Sorten nahe.

In Syrien erreichte im vergangenen Jahre 1889 der Wollexport, nach einer Mittheilung des Herrn Konsul Lütticke in Damaskus, folgende Ziffern: Ueber Alexandrette wurden ausgeführt 3,666,560 kg, über Tripolis 1,217,740 kg, über Beirut ca. 1,000,000 kg. Im laufenden Jahre ist der Werth der Wolle in Aleppo 1500 Piaster pro Kantar von 250 Okka (1 Okka = 1 1/4 kg), in Hama und Homs 1100 Pi. pro Kantar von 200 Okka und in Damaskus 1050 Pi. pro Kantar von 200 Okka.

I. Euphratlinie.

Die natürliche, zugleich bequemste und billigste Verkehrsstrasse nach Syrien wäre der Euphrat selbst, ein Strom von durchschnittlich 400 m Breite und 5 m Tiefe, der auf einer Länge von ca. 900 km einen Niveauunterschied von 250 m, mithin ein durchschnittliches Gefälle von 1 m auf knapp 4 km hat, Eigenschaften, die den Strom für die Berg- wie für die Thalfahrt vorzüglich geeignet erscheinen lassen. Und thatsächlich ist auch diese natürliche Verbindungslinie des vorderen Orients, der östlichen Mittelmeerländer, mit Mesopotamien und weiter Indien schon in den ältesten Zeiten, dann das Mittelalter hindurch bis zum Beginn der Neuzeit lebhaft benutzt worden. Noch im Jahre 1573 ist ein deutscher Arzt, der med. doct. Leonhart Rauwolf aus Augsburg, mit einer kleinen Flotte syrischer Frachtschiffe von Biregik nach Bagdad hinabgefahren. Dann erst scheint der inzwischen in Aufnahme gekommene Seeweg nach Indien um das Kap und der Verfall der türkischen Macht, welche die Euphratlinie nicht mehr vor den Arabern schützen konnte, diesem uralten Verkehr den Todesstoss versetzt zu haben. Heutzutage ist die herrliche Wasserstrasse verödet und ausser einigen wenigen Fähren von primitivster Konstruktion trägt der Strom gegenwärtig kein Fahrzeug. Erst durch die Engländer wurde in unserem Jahrhundert die Aufmerksamkeit Europas wieder auf diese alte Verkehrsstrasse gelenkt. Seitdem das englische Reich in Indien eine immer grössere Bedeutung gewonnen hatte, wurde die Nothwendigkeit einer schnelleren Verbindung mit demselben in England zu einer brennenden Frage. Die zweimalige Recognoscirungsfahrt, die der Oberst Chesney 1831 und 1836 im Auftrage und auf Kosten der Indischen Regierung mit zwei Dampfschiffen ausführte, ergab das Resultat, dass der Euphrat in seinem Lauf von Syrien bis in die Breite von Bagdad fast das ganze Jahr hindurch schiffbar ist, dagegen das letzte Drittel des Stromes bis zu seinem Zusammenfluss mit dem Tigris einer Beschiffung stromaufwärts durch grössere Fahrzeuge für absehbare Zeit hinaus verschlossen ist. Denn einige Meilen unterhalb von Hille, dem alten Babylon, hat der Euphrat schon seit Jahrhunderten, vielleicht seit Jahrtausenden sich ein neues Bett zu graben gesucht, durch welches gegenwärtig fast seine ganze Wassermasse in die grossen Sümpfe von Negef abfliesst. Aus diesen sammelt er zwar wieder sein Wasser, aber nur um ca. 20 Meilen weiter abwärts bei dem Städtchen Suk il schijuch von neuem in einem ungeheuren Sumpf zu verschwinden, der selbst für einheimische Schiffe nur zur Zeit des höchsten Wasserstandes passirbar ist.

Nachdem die Unmöglichkeit der Verwerthung des Euphrat als Verbindungslinie mit Indien erwiesen war, erkaltete vorläufig in England das Interesse für denselben und mit Einrichtung der Ueberlandpost durch Aegypten und der Dampfschifffahrt auf dem Rothen Meere schufen sich die Engländer eine andere indische Linie, die sie durch Besetzung von Aden, Ankauf des Suezkanales und schliesslich durch die Occupation von Aegypten allmählich immer mehr befestigen. Aber Mesopotamien verloren sie dabei nicht aus den Augen, und die Erwerbung der Insel Cypern, des Schlüssels von Syrien und der Hinterländer, lässt über die Ziele der englischen Politik keinen Zweifel. Schon lange vor diesem epochemachenden Ereigniss war das Projekt einer ca. 920 engl. Meilen langen Eisenbahn von Alexandrette am Euphrat entlang bis zum Persischen Meer auf's Tapet gekommen und zu diesem Zweck unter Leitung von Sir W. P. Andrew die Euphrates-Railway-Company in's Leben getreten. Unzweifelhaft hat dieses Projekt den Vorzug der schnellsten Verbindung mit Indien und einen weiteren in dem Umstande, dass Zweig- (Lokal) bahnen nach Syrien und Klein-Asien sich leicht an die grosse Linie anschliessen können.[1])

Wenn dasselbe bis heute noch nicht zur Ausführung gekommen, so liegt dies daran, dass inzwischen das Projekt zu einem Konkurrenzunternehmen, dem Bau einer sich an den Tigris anlehnenden Bahn aufgetaucht war. Als die Türkei Ende der 60er Jahre auf das Drängen der europäischen Mächte wieder einmal Anläufe zu Reformen nahm und ihr hierfür hauptsächlich der Bau von Eisenbahnen und die Gründung von Banken empfohlen wurde[2]), liess sie in Syrien, Mesopotamien und Klein-Asien Vorstudien für Eisenbahnlinien anstellen. So wurde denn türkischerseits eine Euphrat- und eine Tigrislinie vermessen. Der damit beauftragte Ingenieur, der nebenbei bemerkt höchst leichtfertig gearbeitet hat,[3]) glaubte in seinem Bericht nachweisen zu können, dass die Euphratbahn finanziell unrentabel und technisch unausführbar sei, Behauptungen, deren Grundlosigkeit sich

[1]) A. Dumont hat in einem am 6. Januar 1888 vor der Pariser Geographischen Gesellschaft gehaltenen Vortrage die Länge dieser Linie auf 1400 km und die Kosten (wohl zu niedrig) auf 250 Millionen Francs berechnet.

[2]) Aus jener Zeit stammt ein Bonmot des damaligen Grosswesirs Fuad Pascha. Als ihm ein Gesandter wieder einmal hart zusetzte, erwiderte er: Attendez, Excellence, nous aurons l'un et l'autre, des banques et des routes, enfin la banqueroute.

[3]) Wenigstens zeigen sich die Resultate von »Ingenieur Jos. Cernik's Technische Studien-Expedition durch die Gebiete des Euphrat und Tigris« Peterm. Mittheil. Ergänzungsband X, in fast allen Punkten, wo sie kontrolirt werden können, als in hohem Grade unzuverlässig.

unschwer darthun lässt. Dagegen kann allerdings nicht geleugnet werden, dass die Tigrisbahn manche Vorzüge vor der Euphratlinie voraus hat, zunächst den, dass sie ausgedehnte kultivirte Gebiete erschliesst und eine Anzahl grösserer Städte berührt[1]), während die Euphratbahn im Allgemeinen durch unkultivirte Gegenden führen und nur wenige kleinere, obwohl für den Handel nicht unbedeutende Städte berühren würde[2]). Ihr Hauptvorzug aber wäre der, dass sie Konstantinopel und weiter Europa am schnellsteu mit dem hinteren Asien verbinden würde. Selbstverständlich würde diese Verbindung am meisten den mitteleuropäischen Interessen zu Gute kommen, nicht aber den englischen, und dies ist wohl der eigentliche Grund des Widerstandes der Engländer gegen das Tigrisprojekt. Der Ausführung des Letzteren steht auch noch der Kostenpunkt entgegen. Abgesehen von der ungeheuren Länge der Linie würden technische Schwierigkeiten ernstester Natur die Kosten fast in's Unberechenbare steigern.

Bei dieser Lage der Dinge dürfte die Verwirklichung eines der beiden Projekte noch lange auf sich warten lassen (wenn auch in diesem Augenblicke die Aussichten für die Tigrisbahn wieder günstiger zu sein scheinen) zum Schaden des Weltverkehrs, wie besonders des unglücklichen Landes, das ohne bessere Verkehrsmittel sich aus seinem gegenwärtigen Zustande nicht empor zu arbeiten vermag.

Um auf den heutigen Verkehr zwischen Syrien und Bagdad zurückzukommen, so ist er gar nicht unbedeutend. Irgend welche Werthziffern beizubringen, ist mir leider nicht möglich; ich beschränke mich darum auf die Bemerkung, dass jährlich 2—3000 Lastthiere auf der Strecke verkehren. Diese Zahl ist verhältnissmässig hoch, wenn man berücksichtigt, dass vor 25 Jahren es überhaupt noch keinen Verkehr auf dieser Strasse gab. Erst Ende der 60er Jahre war sie von den Türken geöffnet worden[3]), und bis dahin hatten die syrischen

---

[1]) Diarbekr mit 42,000, Mardin mit 25,000 (?), Mossul mit ca. 45,000, Erbil mit etwa 10,000, Kerkuk mit 15,000, Tuz mit 5000 (?), Kifri mit 4500 Einwohnern.

[2]) Die bedeutendste davon ist Dêr an dem Knotenpunkt der Linie Aleppo-Bagdad und Damask-Mossul. 1886 hatte die Stadt gegen 8000 Einwohner. Die Provinz (Sangak) Zôr, deren Hauptstadt Dêr ist, gehört zu den wenigen Theilen der Türkei, die noch hohe Einnahmen ergeben. Dieselben betrugen 1886 13,000 L. T., die Ausgaben nur 3000. Einen grossen Theil dieser Einnahmen bilden die Abgaben der Beduinenstämme (ca. 5000 L. T.), für welche Dêr auch der grosse Markt ist.

Ein zweiter nicht unbedeutender Ort ist Ana, der nördlichste Punkt im Euphratthale, wo die Dattelkultur im Grossen betrieben wird.

Schliesslich zu nennen ist noch Hit, das aus seinen unerschöpflichen Naphtaquellen schon seit den frühesten Zeiten ganz Babylonien mit Asphalt versorgt.

[3]) Nicht aus eigener Initiative, sondern auf Drängen der Engländer, die zur Zeit als der damals noch von ihnen mit missgünstigen Augen angesehene Suezkanal sich seiner

Karawanen den ungeheuren Umweg nach Norden über Urfa, Diarbekr und Mossul einschlagen müssen, um die räuberischen Stämme der Wüste zu umgehen. Gegenwärtig aber circuliren die Lastzüge auf der neuen Strasse in vollkommener Sicherheit, wenigstens ist aus den letzten Jahren kein Beispiel bekannt geworden, dass dieselben ausser von den türkischen Behörden unterwegs irgendwie belästigt worden wären. Die Dauer der Reise beträgt nach der Jahreszeit 25—30 Tage, wenn man täglich etwa 6—7 Stunden marschirt. Reisende mit leichtem Gepäck können bei einer Marschleistung von etwa 10 Stunden pro Tag die ganze Strecke wohl auch in 15 Tagen zurücklegen. Die Miethe eines Thieres schwankt je nach der Nachfrage zwischen 10 bis 12 Medjidi = 40—48 Mark; da dem Thier nicht mehr als 2 Centner aufgeladen werden, so kommt demnach die Beförderung eines Centners auf 20—24 Mark zu stehen. Das ist ein Frachtsatz, den natürlich nicht jede Waare aushalten kann, und begreiflicherweise hält auch nicht jede Waare diese Art des Transportes aus, das zweimalige Auf- und Abladen pro Tag, wobei die arabischen Packknechte nichts weniger denn sorgfältig verfahren.

Dass diese Art des Verkehrs auf die Dauer nicht angänglich bleiben kann, ist selbst den Eingeborenen klar geworden, und da, wie vorhin erwähnt, die Erbauung einer Eisenbahn noch lange auf sich wird warten lassen, so wird nichts anderes als die Einrichtung einer Dampfschifffahrt übrig bleiben. Anläufe zu einem solchen Versuch haben selbst die Türken schon mehrmals unternommen; vor zwei Jahren hiess es sogar, dass der Sultan für eigene Rechnung Dampfer auf dem Euphrat wolle laufen lassen, nachdem er ihn hatte von neuem aufnehmen lassen. Daraus ist nun freilich nichts geworden, aber einer europäischen, speziell deutschen Gesellschaft würde die Erlangung einer Konzession gewiss nicht schwer werden. Ich kann hier auf dieses Projekt nicht näher eingehen, möchte aber nur noch darauf hinweisen, dass die Verhältnisse auch insofern günstig liegen, als in der Syrischen

Vollendung näherte, das Projekt der Euphratbahn in aller Hast zur Ausführung zu bringen suchten. Bevor aber an die Vorarbeiten gegangen werden konnte, galt es, die ganze Strecke erst zu erobern. 1869 gelang es den von Aleppo und Damask aus operirenden Truppen die Beduinenstämme in die Wüste zurückzuwerfen. Mit der Erstürmung der Araberstadt Dêr und ihrer Erhebung zum Hauptort der neu eingerichteten Provinz Zôr war die Pacificirung des nördlichen Theiles der Euphratlinie beendigt. Zu gleicher Zeit hatte Midhat Pascha von Bagdad aus den Anschluss im Süden bewerkstelligt. Gesichert wurde die neue Strasse dann durch Anlage einer Reihe von Wachthäusern im Zwischenraum von 6—8 Stunden, die mit 3—6 Mann Gensdarmerie (Saptije) belegt sind. Der Schutz, den diese Posten gewähren, ist freilich, hauptsächlich bei dem kläglichen Zustand des Materials, ein rein illusorischer.

Wüste nur wenig Stunden vom Strom sich ein grosses Steinkohlenlager — Abû Fejjâd — befindet, das noch wenig ausgenutzt wird.

Der untere Euphrat freilich ist für den Verkehr nicht zu verwerthen, wenigstens solange nicht eine europäische Macht das Land in Besitz genommen hat.

2. Obere Tigrislinie.

Etwas besser liegen die Verkehrsverhältnisse auf der östlichen Linie der des Tigris, insofern als der Strom für die Schifffahrt benutzt wird, wenn auch lange nicht in dem Maasse wie es sein könnte und sollte. Besonders unvollkommen ist der Verkehr auf der oberen Strecke zwischen Bagdad und Mossul entwickelt. Mossul, eine Stadt von 40—50,000 Einwohnern, in der die alten Karawanen-Strassen von Persien, Klein-Asien, Syrien und Bagdad zusammentreffen, ist trotzdem für den Importhandel von sehr geringer Bedeutung, wohl aber für den Export. Denn hier kommen die meisten Quantitäten jener Rohartikel auf den Markt, die dann via Bagdad nach Europa gehen; zunächst Wolle, die nicht nur von den arabischen Stämmen der Wüste, sondern auch von den Kurden östlich und nördlich von Mossul hierher geliefert wird, sodann fast die gesammte Quantität der Galläpfel und der grösste Theil der Felle. Schliesslich sei noch erwähnt, dass die Gegend von Mossul wegen ihrer Produktion an Getreide (Weizen) und der Billigkeit desselben im ganzen Orient berühmt ist, daher ihr arabischer Name »bilâd il ruchs«-Land der Billigkeit. Die producirten Getreidemassen sind aber bisher, wie in Syrien, aus Mangel an Kommunikationsmitteln, meist an Ort und Stelle im Freien liegen geblieben und verdorben.

Der Wasserverkehr nach Bagdad beschränkt sich auf die Kellekflösserei, wie sie schon vor 3000 Jahren üblich war. Diese Flösse bestehen aus aufgeblasenen und zusammengebundenen Hammelfellen, die mit Stangen und Brettern bedeckt werden. Begreiflicherweise können solche Flösse nur eine Thalfahrt machen. Die Dauer derselben hängt in erster Linie von dem Wasserstande, in zweiter von dem Winde ab, eine Fortbewegung durch Ruder ist seltener üblich. Sie beträgt bei hohem Wasser ca. 4—5, bei niedrigem (August-Oktober) häufig 10—12 Tage. Abgesehen von der wenig soliden Beschaffenheit der Flösse, die keine Gewähr für eine sichere Beförderung von Frachtgütern bieten, stellt sich die letztere auch garnicht sonderlich billig. Gewöhnlich miethet man ein solches Floss von seinem Besitzer, wofür es eine ziemlich feste Taxe giebt. Der Modus dasselbe zu kaufen, ist viel ungewöhnlicher, da man sich nachher in Bagdad mit seinem Verkauf zu befassen hat, wobei zumal für einen Europäer ausser Zeitverlust wenig herauskommt. Als Miethe zahlt man für jeden Schlauch (aufgeblasenes Hammelfell) des Kellek den Preis von 5 P. T., für ein Kellek mittlerer Grösse von 250 Schläuchen (25 Reihen à 10) somit 12½ L. T, für 2 Fährknechte die es steuern à ¾ L. T., zusammen = 260 ℳ. Ein solches Floss hat eine Durchschnittsgrösse von 7,50 m Breite und 8,25 m Länge = 62 Quadratmeter. Frisch aufgeblasen trägt ein Schlauch einen Centner. Da aber bei dem primitiven Verschluss die Luft schnell entweicht und nur bei den am Rande des Flosses befindlichen Schläuchen wieder erneuert werden kann, unterwegs auch viele derselben durch Aufstossen reissen, so ladet man selbst bei Hochwasser nicht mehr als ½ Centner, bei niedrigem Wasserstande gar nur ⅓ Centner pro Schlauch. Wenn demgemäss ein Floss von 250 Schläuchen im Durchschnitt nur 85 Centner trägt, so würden die Transportkosten eines Centners sich auf ca. 3 ℳ. stellen.

Dieser Wasserverkehr ist natürlich nur stromabwärts nach Bagdad möglich. Nach Mossul kann man von Bagdad nur zu Lande gelangen. Der nächste Weg, an dem Westufer der Tigris entlang, führt durch meist unbewohnte und wenig sichere Gegenden und wird darum fast garnicht benutzt. Gewöhnlich schlägt der Verkehr einen Weg ein, der in einem grossen Bogen nach Osten über die Städte Kifri, Kerkuk, Altyn Köprü und Erbil nach Mossul führt. In der günstigen Jahreszeit (April – Oktober incl.) erfordert er eine Dauer von 12 Tagen. Die Miethe eines Lastthieres (das auf dieser Strecke mit bis 2½ Centner beladen werden kann) beträgt dann ca. 18—20 ℳ., sodass der Transport eines Centners auf 7—8 ℳ. zu stehen kommt. In der ungünstigen Jahreszeit stockt der Verkehr oft wochenlang, da die von dem kurdisch-persischen Grenzgebirge herabkommenden Nebenflüsse des Tigris, die dann zu reissenden Strömen anschwellen, mit einer Ausnahme keine Brücken tragen. Ein noch schlimmeres Verkehrshemmniss ist die durch kurdische Räuberbanden verursachte Unsicherheit, deren theilweise Beseitigung den Türken erst im Jahre 1887 gelungen ist.

Unter diesen Umständen kann es nicht Wunder nehmen, wenn grade in diesen verhältnissmässig gut angebauten und stark bevölkerten Gegenden der Verkehr noch recht gering ist, wenn namentlich Mossul trotz seiner für den Handel denkbar günstigsten Lage den Eindruck einer todten Stadt macht, deren Einwohner den grössten Theil des Tages in den Kaffeehäusern verträumen, während die Basare leer stehen.

Die Einrichtung einer regelmässigen Dampferverbindung zwischen Mossul und Bagdad könnte allein Abhülfe schaffen. Zwar ist die Schiffbarkeit des Tigris auf dieser Strecke in praxi noch nicht vollständig nachgewiesen, da die englischen Explorer (Kapitän Jones 1846) nur bis zur Hälfte kamen — wo der kleine Dampfer ältester Konstruktion mit zu schwacher Maschine die Strömung nicht zu bewältigen vermochte — aber wirkliche Hindernisse, deren Beseitigung der heutigen Ingenieurkunst unmöglich wäre, finden sich nicht. Der Wasserstand ist zu allen Jahreszeiten ein vollständig genügender. Grade zwischen beiden Städten empfängt der Strom mehrere recht bedeutende Zuflüsse. Was die Strömung anbelangt, so beträgt der Niveauunterschied zwischen Mossul (250 m) und Bagdad (40 m) 210 m, die sich auf eine Stromlänge von ca. 450 km vertheilen, sodass das mittlere Gefälle fast 0,50 m pro km beträgt.

Dass der Strom als schiffbar anzusehen ist, bewiesen auch die alle paar Jahre wiederholten Versuche der englischen Lynch Cie., die Koncession zu erlangen. Bei dem jetzigen politischen Verhältniss zwischen England und Türkei dürften aber alle Anstrengungen vergeblich sein. Dagegen war vor ca. 10 Jahren einer holländischen Gesellschaft die Koncession wirklich ertheilt worden, aber wegen des plötzlich eingetretenen Todes des Inhabers, auf deren Namen sie lautete, ohne Folgen geblieben.

3. Untere Tigrislinie.

Am meisten den Bedürfnissen entsprechend sind die Verkehrsmittel auf der dritten wichtigsten Linie, die Bagdad mit dem Persischen Meere verbindet. Hier existirt seit nunmehr 50 Jahren eine regelmässige Dampfschifffahrt auf dem Tigris. Es ist dies das einzige praktische Resultat, das die früher besprochenen Bemühungen der Engländer zur Folge gehabt haben. Die Koncession der englischen Euphrates and Tigris Steam Navigation Co. (gewöhnlich Lynch Cie.) datirt aus dem Jahre 1837.

30 Jahre lang durfte diese Compagnie (Gesellschaft auf Aktien) sich erlauben in rücksichtsloser Ausnützung ihres Monopols durch Stellung ungeheuerlicher Preise das menschenmöglichste zu leisten, ohne dass die steigende Abneigung der Eingeborenen ihren Geschäften irgendwie Abbruch gethan hätte. Da versuchte 1869 der bekannte Midhat Pascha, damals Generalgouverneur von Bagdad, durch Errichtung einer Konkurrenzlinie, »des Oman«, die Engländer zu verdrängen. Aufstellung einer äusserst niedrigen Fahrtaxe für Passagiere und Güter, vielfache Gewährung von Freibillets an mittellose Fahrgäste, sobald dieselben ein amtliches Dürftigkeitszeugniss vorweisen können, grossartige Liberalität in Bezug auf Zulassung von Freigepäckwaren und sind die Mittel, durch die diese nationale Linie das Publikum zu gewinnen bestrebt war. Aber der Oman konnte dem Schicksal

aller ausschliesslich türkischen Unternehmungen und Institutionen, dem Krebsschaden einer ungeordneten Verwaltung, nicht entgehen. Kaum hatte Midhat Pascha seinen Posten in Bagdad verlassen müssen, als der Oman nach kaum 18 Monaten ein Defizit von 60 000 L. T. = 1 100 000 Mark aufwies. Zwar wurde Anfang 1873 ein türkischer General, europäischer Herkunft, zum Direktor ernannt, der obwohl Militär, wenig von der Sache verstehend, doch binnen kurzer Zeit Ordnung schaffte und namentlich die Schulden tilgte. Nachdem er aber bei Ausbruch des russischen Krieges seinem ursprünglichen Beruf zurückgegeben und auf den Kriegsschauplatz geschickt war, ist der Oman rettungslos verkommen und der englischen Konkurrenz definitiv unterlegen. Von seinen ursprünglichen 12 Dampfern besitzt er nur noch 4, die schon deshalb keinen regelmässigen Dienst thun können, weil sie selten zu einer Fahrt hinreichend Kohlen haben. Auch diese 4 Schiffe dürften in nicht zu ferner Zeit ausgedient haben, sodass dann die Engländer das Feld behaupten werden, falls sie inzwischen nicht einen europäischen Konkurrenten bekommen. Sollte dieser Fall jedoch nicht eintreten, so würde dies ein schwerer Schlag für den Verkehr sein, denn allein wären die Engländer nicht im Stande denselben zu bewältigen. Als nämlich 1887 ihre Koncession ablief, wurde sie zwar von der Regierung in Constantinopel wieder verlängert, da man sich selbst dort von der Unzulänglichkeit des Oman überzeugt hatte, jedoch so beschränkt, dass der Lynch nur noch mit 2 Dampfern fahren darf, von denen der eine noch einen eisernen Schlepper anhängen darf. Diese beiden Schiffe, Medjidi und Chalife, unterhalten gegenwärtig eine einmalige wöchentliche Verbindung zwischen Bagdad und Basra, wo sie direkten Anschluss nach Indien haben. Und zwar wird derselbe vermittelt durch Dampfer einer Zweiglinie der P. & O. Line, die von Basra über Buschir, Maskat, Caratschi nach Bombay gehen und dort an die europäischen Postschiffe Anschluss bekommen. Ausserdem unterhält die englische Firma Jones Prices & Co. in London via Cardiff-Marseille mit 4 Dampfern monatliche Fahrten nach Basra. Mit der P. & O. Line steht Lynch in Uebernahmeverbindung, wie er auch von der indischen Regierung für Beförderung der Post eine Subvention von 1000 L. erhalten soll.

Die beiden Schiffe der Kompanie sind Raddampfer älterer Konstruktion, beide 270′ (engl.) lang und 36′ breit, Tragfähigkeit 400 Tonnen, Maschinen 120 Pferdekraft, Tiefgang je nach der Ladung 3½—4½′ (äusserstes Maximum).

Die Frachtsätze richten sich nach der Höhe des Wasserstandes, von 8—15 Para pro Occa = 1,280 klgr. Durchschnittssatz 10 Para = 4,3 Pf.

Angenommen, dass die Schiffe nur mit halber Ladung = 200 Tonnen fahren — obwohl ein Durchschnittssatz von 3/4 Ladung = 300 Tonnen dem Thatbestande mehr entsprechen würde, stellt sich die Rentabilitätsberechnung folgendermaassen:

1)	200 Tonnen Ladung = 160 000 Occa zum Durchschnittssatz von 10 Para pro Occa	40 000 P. T.
2)	Passagiere, 200 Deck- à 40 P.	8 000 »
	5 Cajütenpassagiere à 250 P. und Verpflegung pro Tag à 60 P. = 430	2 150 »
		rund 50 000 P. T.

Unkosten:

1)	Kohlen für 3 Tage	6 000 P. T.
	Thalfahrt pro Tag 10 Tonnen	
	Bergfahrt » » 15 »	
	à Tonne = 200 P. = 37 M.	
2)	Verpflegung der Mannschaft und der Passagiere I. Klasse	4 000 »
3)	Löhne der Mannschaft	10 000 »
		20 000 P. T.

Summe der Einnahmen	50 000 P. T.
» » Ausgaben	20 000 »
Nettogewinn pro Reise	30 000 P. T.

oder bei 80 Reisen im Jahr (mit beiden Schiffen) = 16 000 Lst. (1 Lst. = 147 P. T. Bagd.)

Demgemäss hat die Gesellschaft pro anno durchschnittlich 20 % Dividende [1]) ihren Aktionären zahlen können. Dieselben haben dabei aber statutenmässig nicht das Recht, von der Gesellschaft Rechnungsvorlage fordern resp. die Bücher einsehen zu dürfen. Wie rentabel diese Dampferlinie ist, erhellt schliesslich auch aus den Bemühungen der Kompagnie zur Erbauung einer Eisenbahn von Bagdad nach Basra; dass derartige Bemühungen von Engländern heutzutage auf keinen Erfolg zu rechnen haben, ist schon früher bemerkt worden.

4. Linie Bagdad—Kerbela.

Innerhalb des Landes ist nur noch eine Strasse von Bedeutung, die Strasse von Persien über Bagdad nach Kerbela und Mekka. Diese

[1]) Pro 1885 21 %, pro 1886 15 %, ein Minus, das sich zum grössten Theile aus der inzwischen erfolgten Steigerung der Kohlenpreise erklären dürfte.

Linie kommt weniger für den Handel als für den Personenverkehr in Betracht.

Mekka hat bekanntlich für die Muhamedaner noch eine höhere Bedeutung als Jerusalem für die Christen und Juden. Jeder Muslim ist von Religionswegen verpflichtet wenigstens einmal in seinem Leben dorthin zu pilgern. In den Augen der Schiiten aber, der zweiten grossen Confession des Islam, die hauptsächlich in Persien und Indien verbreitet ist, steht die Stadt Kerbela, ca. 100 km südwestlich von Bagdad an der rechten Seite des Euphrat, fast in demselben Ansehn der Heiligkeit wie Mekka. Denn hier liegt Hussein, Sohn des Chalifen Ali, des angeblichen Stifters der schiitischen Confession, begraben, und der grosse mit vergoldeten Kupferplatten bedeckte Dom, in dem das Grab sich befinden soll, ist der Magnet, der Jahr aus Jahr ein Schaaren von Pilgern aus der schiitischen Welt Persiens und Indiens anzieht. Aus beiden Ländern bewegt sich der Strom dieser Wallfahrer fast ausschliesslich über Bagdad, das für die Perser mitten auf dem Wege liegt und für die Inder vermittelst der Tigrisdampfer bequem zu erreichen ist. Nach zuverlässigen Angaben wird der Pilgerverkehr zwischen Bagdad und Kerbela pro Jahr auf mindestens 100 000 Personen veranschlagt. Begreiflicherweise sind im Lauf der Jahrhunderte durch die frommen Pilger, unter denen der persische Hof und die indische Fürstenwelt stets zahlreich vertreten ist, grosse Massen von Geld nach Kerbela gekommen. Viele und zwar meist wohlhabende Pilger lassen sich für immer in der heiligen Stadt nieder, obwohl sie häufig Geschäfte halber nach Bagdad gehen müssen. So ist Kerbela, zumal seitdem die Türken ihre Herrschaft in diesen Gegenden befestigt haben, eine der wenigen Städte des Orients geworden, die gedeihen und sich vergrössern. Um die Alt-Stadt sind jetzt neue Stadtviertel entstanden von fast europäischem Aussehn mit breiten und sich rechtwinklig schneidenden Strassen, die selbst über Trottoirs und Petroleumbeleuchtung verfügen. Der Zahl der Bevölkerung nach — über 50 000 — nimmt Kerbela die zweite Stelle unter den Städten Mesopotamiens ein, rangirt also gleich nach Bagdad, das aber an Wohlhabenheit weit zurückstehen soll.

Von Wichtigkeit ist die Stadt auch für den Verkehr mit Arabien. Hier rüstet sich die grosse oft aus tausenden von Kameelen bestehende Pilgerkarawane nach Mekka aus, die nach altorientalischem Herkommen zugleich Handelskarawane ist, Kerbela ist ferner der Markt für das ganze nordöstliche Arabien, und die Beziehungen der Geschäftswelt reichen durch die innerarabischen Plätze bis an die Westküste dieses Landes.

Allgemein ist unter den Pilgern die Klage über die Beschwerlichkeit der Reise von Bagdad nach Kerbela. Obwohl dieselbe in nur drei Tagen gemacht wird, so ist sie doch namentlich für die schon von der langen Landreise ermüdeten Pilger aus Persien, wie für die durch Eisenbahnen und Dampfschiffe verwöhnten Inder, im Winter bei der verhältnissmässigen Kälte und im Sommer bei der enormen Hitze nicht ohne Beschwerde und dabei wie jede Landreise im Orient ziemlich theuer. Zur Erleichterung des Verkehrs ist denn auch schon einmal ein Anlauf genommen worden. 1884 hatte der kommandirende General des 6. Armeekorps in Bagdad, Hidajet Pascha, eine regelmässige (pro Tag eine) Omnibusfahrt zwischen beiden Städten eingerichtet, vermittelst deren man den Weg in 15 Stunden machte. Trotz der überaus mangelhaften Beschaffenheit der Wagen waren diese stets gedrängt voll. Als aber der General im November 1886 plötzlich versetzt wurde, kam das Unternehmen zum nicht geringen Bedauern des Publikums zum Stillstand. Seitdem projektirt man die Erbauung einer Bahn, entweder einer Pferdebahn wie sie schon seit 20 Jahren zwischen Bagdad und einem Vororte besteht und florirt, oder, was entschieden praktischer wäre, einer Dampfbahn. Technische Schwierigkeiten liegen absolut keine vor, da das Terrain fast eine mathematische Ebene bildet und von einem Brückenbau über den Euphrat vorerst natürlich abgesehen wird[1]).

Es kann keinem Zweifel unterliegen, dass für den Orient eine neue Zeit angebrochen ist, seit dem er begonnen hat sich der europäischen Kultur zu erschliessen. In Klein-Asien dringen die Eisenbahnen, vor allem die mit deutschem Kapital erbaute Linie Ismid-Angora [2]), immer tiefer in das Innere des Landes ein. In Palästina sind die Vorarbeiten zur Jerusalembahn abgeschlossen, und auch in Syrien scheint es mit der lange geplanten Hauranbahn endlich Ernst werden zu wollen. Die Rückwirkung dieser Unternehmungen auf Mesopotamien wird nicht ausbleiben. Hoffen wir, dass der deutsche Unternehmungsgeist, der sich schon auf so manchen Gebieten des Ostens mit Ehren bewährt hat, sich auch in diesem solange vernachlässigten Lande bethätigen möge.

---

[1]) Vgl. auch die Mittheilungen Grattan Geary's hierüber in der »Mail« v. 26. Juli 1878 nach »Globus« 34, 157 f.

[2]) Von derselben wurde die erste Strecke von 40 km (Ismid-Adabasar) am 2. Juni d. J. eröffnet.

Der Columbia und sein Stromgebiet.

Von

Ernst von Hesse-Wartegg.

Die wenigsten grösseren Ströme Nordamerikas haben bisher eine verhältnissmässig so geringe Beachtung gefunden und sind so mangelhaft geschildert worden, wie der Columbia, einer der interessantesten Stromläufe der neuen Welt, gleichzeitig der zweitgrösste sämmtlicher in den Stillen Ozean mündenden Ströme dieses Kontinents. St. Lorenz, Hudson, Mississippi, ja selbst der ferne Colorado und Sacramento haben ihre eigene Literatur, aber meines Wissens ist über den Columbia noch keine Monographie verfasst worden. Die Ursache hiervon ist nicht recht erklärlich, denn die Mündung des Stromes wurde schon 1792 durch den Kapitän Gray des amerikanischen Schiffes »Columbia rediviva« entdeckt, und er war es auch, der dem Flusse den Namen seines Schiffes beilegte. Zwölf Jahre später, 1804, durchforschten die kühnen Kapitäne Lewis und Clarke von der Landseite aus Theile des Stromgebietes des Columbia und legten zwei Nebenflüssen des Columbia ihre Namen bei, aber seit jener Zeit scheint kein Geograph dem ganzen Flusslaufe gefolgt zu sein, und nur einzelne Theile des Stromes wurden von verschiedenen Reisenden besucht. Zu seinem Bekanntwerden trug in den letzten Jahren die Erbauung der beiden neuesten Pacificbahnen, der Northern Pacific und der Canadian Pacific viel bei, denn die erstere schliesst sich dort, wo er anfängt, die Grenze zwischen Washington und Oregon zu bilden, an das Bahnnetz des letztgenannten Staates an, und durchfährt auch schon vorher einen grossen Theil des Stromgebietes. Die Canadian-Pacific-Bahn übersetzt ihn nach ihrem Eintritt in British-Columbia zweimal. Aber der g a n z e, gegen 2000 km lange Stromlauf mit seinen Nebenflüssen ist noch nicht ausführlich geschildert worden. Theilweise mag daran wohl der Umstand Schuld sein, dass der Oberlauf des Columbia in bisher schwer zugänglichen Theilen der Felsengebirge auf canadischem Gebiete liegt, der Mittel-

und Unterlauf jedoch in den Vereinigten Staaten, ferner dass die Zustände in jenen entlegenen Gegenden des Nordwestens bis zur Herstellung der Transkontinentalbahnen kaum besonders einladend waren. Heute noch sind grosse Gebiete Indianer-Reservationen, andere hingegen gänzlich unbewohnt; aber auch unter günstigeren Verhältnissen wäre der Columbia wahrscheinlich von den grössten Pionieren der amerikanischen Forschungsreisen, von den Handelsleuten, kaum beachtet worden, denn er war nie und wird nie eine grosse Verkehrslinie werden.

An pittoresker Schönheit, an Romantik und Grossartigkeit seiner Ufer kann sich gewiss kein Strom der neuen Welt, weder in Nord- noch Südamerika mit dem Columbia irgendwie messen, ja selbst in der alten Welt wüsste ich keinen zu nennen. Weder Hudson noch Rhein, mit denen der Columbia von jenen verglichen wurde, welche seinem Unterlauf gefolgt sind, erreichen den Columbia, und ich stehe nicht an, die Szenerieen längs dieses Stromes zu den herrlichsten zu zählen, die ich in Nordamerika gesehen habe. Der Yellowstonepark, das Cañon-Land des Colorado sind interessanter, die Gegenden am Hudson und am Puget Sound sind lieblicher, aber sie erreichen nicht die Grossartigkeit der Columbia-Landschaft in ihrer Vereinigung gewaltiger mit ewigem Schnee bedeckter Berge, Riesen-Cañons mit tausende Fuss hohen, senkrecht abstürzenden Felswänden, hier und da belebt von mächtigen Wasserfällen, Wäldern von californischen Riesentannen, Kaskaden, Stromschnellen und Felseninseln in dem wasserreichen grossen Strome selbst. Im Unterlaufe durchbraust der Columbia Felsenthäler, die sich an Grossartigkeit mit dem Lauterbrunner Thal messen können, aber den Vorzug haben, dass sie von einem der gewaltigsten Ströme des Kontinents belebt werden. Eine Beschiffung des ganzen Stromes vom Ursprung bis zur Mündung ist leider der vielen Wasserfälle und Stromschnellen wegen nur schwierig auszuführen, aber abgesehen von diesen, sind die zwischenliegenden Flusstheile bis hinauf an seinen Ursprung mit Dampfern befahrbar.

Der Oberlauf des Columbia gehört unstreitig zu den geographisch interessantesten der Erde, denn er zeigt Phänomene, die sich bei keinem anderen Flusslauf wiederholen. Schon an seiner Quelle ein schiffbarer Fluss, entspringt er einem langgestreckten, zwischen 50° 10′ und 50° 20′ n. B. und unter ca. 116° w. L. v. G. gelegenen Gebirgssee, dem oberen Columbia-See, 1010 m über dem Meeresspiegel, am westlichen Abhang der am weitesten gegen Osten vorgeschobenen Felsengebirgskette gelegen, welch' letztere gleichzeitig die Wasserscheide zwischen dem Atlantischen und Stillen Ozean bildet. Dieser 17 km lange und durchweg etwa 2 km breite See liegt eingesattelt zwischen den Palliser Bergen im Osten und der Purcell Range im Westen und empfängt deren Abflüsse. Der eigentliche Fluss entströmt dem oberen Columbiasee an seinem nördlichen Ende und erreicht nach 12 km den etwa 16 km langen und ebenfalls 2 km breiten unteren Columbiasee, den er durchfliesst. Nach seinem Austritt aus demselben strömt er 250 km weit durch eines der nordwestlich laufenden Längenthäler der Felsengebirge, die Kootenay Range im Osten, die mit ewigem Schnee bedeckte, vergletscherte Selkirk-Kette im Westen, bis zu dem auf 51° 30′ n. B. gelegenen Athabaskapass (?). Hier empfängt er seinen nördlichsten Nebenfluss, den aus der nördlichen Verlängerung des Columbiathales südwärts fliessenden Canoefluss, wendet sich plötzlich, einen spitzen Winkel bildend, direkt südwärts und behält diese Hauptrichtung vom 52. Grad bis zum 46. Grad n. B. bei. Das Thal des oberen Columbia liegt nahezu in einer geraden Linie mit jenem des oberen Kootenay, das sich in südöstlicher Richtung daran schliesst, dann auch, wie schon erwähnt, mit jenem des Canoeflusses und noch weiter nördlich mit dem Thale des oberen Fraserflusses, zusammen ein nahezu ununterbrochenes Längenthal von nordwestlicher Richtung und von etwa 720 km Länge! Diese Depression ist eine der merkwürdigsten Erscheinungen von Britisch Columbien und wird durch die auffällig flachen Wasserscheiden gegen Nord und Süd hervorgerufen. So ist beispielsweise die Wasserscheide zwischen der Südspitze des oberen Columbia-Sees und dem Kootenayfluss vollkommen eben und dabei nur 2400 m breit, sodass See und Fluss mit Leichtigkeit durch einen Schiffahrtskanal verbunden werden konnten. Ebenso merkwürdig flach und schmal ist die Wasserscheide zwischen dem Canoefluss und dem Cranberry-See, aus welchem der südliche Arm des Fraserflusses entspringt.

Noch etwa 140 km bevor der obere Columbia den Canoefluss aufnimmt, erhält er den von der Hauptkette der Felsengebirge herabkommenden Kicking-Horsefluss, und an dessen Mündung war es, dass ich den Columbia auf der Fahrt von den canadischen Prairieen nach dem Stillen Ozean zum ersten Mal erblickte. Wir waren mittelst der Canada-Pacific-Eisenbahn dem Thal des Bogenflusses entlang auf die Höhe der Felsengebirge gekommen. Die Szenerie wurde immer wilder und grossartiger. Es scheint, als hätte hier eine furchtbare Macht den Gebirgsstock gehoben und in Stücke zerbröckelt, deren jedes an Grösse eine engl. Kubikmeile umfasst. Sie liegen auf- und nebeneinander, die kühnsten Formen in die Lüfte streckend, so steil und glatt, dass kaum der Schnee hier einen Halt findet und in grossen

Lawinen in die engen Schluchten und tiefen Thäler hinabstürzt.[1] Einige der letzteren werden durch klare, hellgrüne Gebirgsseen ausgefüllt, deren Tiefe noch niemand erforscht hat, anderen haben die rauschenden Gebirgswasser hinreichend Erde und Schlamm zugeführt, dass zwerghaftes Nadelholz in ihnen Nahrung findet. Die wenigsten der kühn emporstrebenden 3000 bis 3600 m hohen Spitzen haben Namen erhalten; nur die gewaltigsten Wahrzeichen, wie der Castle Mountain und Mount Lefroy, sind von den Erbauern der Bahn getauft worden. Endlich erreichten wir die Höhe des Kicking Horse-Passes, eingefasst von schneebedeckten Höhen. Am anderen Ende des sumpfigen Sattels entströmt demselben ein winziges Flüsschen, die ersten Wassertropfen, die nicht mehr dem Stromgebiete des Atlantischen Ozeans angehören. Es ist die Quelle des Kicking-Horseflusses.

Würde die Herkunft des Namens Kicking Horse nicht mit Bestimmtheit auf ein ausschlagendes Pferd zurückzuführen sein, so könnte man vermuthen, die Entdecker des Flusses hätten damit die Wildheit des Flusses kennzeichnen wollen: so stürmt und tost und schäumt der mit jedem Kilometer an Wassermenge zunehmende Fluss den westlichen Abhang der Hauptkette hinab, dem Columbia zu. Die Fluthen bohrten, wuschen, sägten sich eine wahre Teufelsschlucht durch die Felsen, und von den mehrere tausend Meter hoch zu beiden Seiten in den kühnsten Formen emporsteigenden Felsen stürzen rauschend und schäumend andere wasserreiche Gebirgsbäche in die Schlucht.

Wohl mögen die Pioniere der Eisenbahn lange gezögert haben, ehe sie sich entschlossen, die Schienenstränge da hinein zu lenken; aber es blieb ihnen kein anderer Weg übrig. Die ganze Kette zeigt auf Hunderte Kilometer Nord und Süd keine günstigere Stelle und selbst hier erforderte es die kühnsten und gewagtesten der bisher bekannten Eisenbahnbauten, um die Züge von der Kammhöhe in das Thal des Columbia hinabzuführen. Während sich die Steigung von Calgary am Ostabhange zur Kammhöhe, also 570 m auf 198 km vertheilt, muss der Abstieg zum Columbia, 834 m, innerhalb 98 km gemacht werden. Die Eisenbahn windet sich deshalb, tief in die Felsen eingeschnitten, längs der Abgründe dahin, den Fluss hinüber und herüber, durch lange Tunnel mit einem Fall von 2,8 bis 3,96 m auf 100 m. Für diesen Abstieg muss dann auch eine zweite Lokomotive angekoppelt werden, und beide Lokomotiven halten mit reversirtem Dampf den Zug zurück.

Erst nach dreistündigem »Hangen und Bangen auf schwebender Bahn« fuhren wir endlich bei Golden City in das Thal des Columbia

[1]) Siehe Hesse-Wartegg's, »Canada und Neufundland« Herder's Verlag, Freiburg i/B. 1888.

ein, dort wo der Kicking-Horsefluss in den letzteren mündet. Aber die wenigen, ärmlichen Hütten und Zelte der »goldenen Stadt« interessirten uns weniger, als die gewaltigen Felsmauern der berüchtigten Selkirk-Kette, welche jenseits des Columbia dräuend ihre schneebedeckten, vergletscherten Grate und Spitzen in die Wolken streckten. Unser nunmehriger Reisebegleiter, der Columbia, hatte im Lauf der Jahrtausende seine Wellenbatterien vergeblich gegen die Felsen gerichtet, vergeblich seine Fluthen als Mauerbrecher verwendet. Die Felsen gaben nicht nach, und er musste sich seinen Weg statt durch die Felsen, um sie herum bahnen, und fliesst deren westlichen Abhang entlang wieder gegen Süden, nur 100 km in gerader, westöstlicher Richtung von seinem Oberlauf entfernt. Die gerade Entfernung von seinem Ursprung zur Südspitze des Pfeilsees (Arrow Lake) beträgt nur 150 km, die Länge des wirklichen Stromlaufs bis dahin etwa 750 km.

Aber was der Strom in den Jahrtausenden nicht vermocht hat, das hat die Kunst der Ingenieure in wenigen Monaten gethan: die Ueberschreitung der Selkirkkette mit der Eisenbahn. Wohl folgt die letztere von der Mündung des Kicking-Horse-Passes dem Columbia noch auf einige 30 km abwärts, dann aber wendet sich die Bahn durch den Cañon des Biberflusses westlich direkt auf die Gebirgskette, um dieselbe am Rogers-Pass zu überschreiten. Vom Columbia bis zu der auf 1304 m über dem Meere gelegenen Höhe dieses einzigen Passes der Selkirks, steigt die Bahn auf einer Strecke von 35 km 510 Meter und findet am westlichen Fuss der Kette, 72 km von der Passhöhe, den Columbia wieder.

War der Uebergang über die erste östliche Kette der Felsengebirge schon ungemein schwer herzustellen, so ist er doch kaum zu vergleichen mit den grossartigen Hindernissen, welche sich dem Bahnbau hier entgegenstellen. Ich fand auf meinen Reisen nirgends eine Gebirgswüste von so unbeschreiblicher Wildheit, Felsen von solcher Kühnheit und Grossartigkeit der Formen, Gletschermassen und Lawinenbahnen in solcher Menge in so grosser Nähe von der Eisenbahn. Als würde Mutter Natur selbst das grausige Gebirgsbild bereuen, das sie hier geschaffen hat, bedeckte sie einzelne Abhänge mit Riesencedern; aber auch diese fielen an manchen Stellen verheerenden Waldbränden zum Opfer, denen sie mit ihren kerzengeraden hohen Stämmen so reiche Nahrung gewähren. Auch während ich diese bei aller Grossartigkeit doch ungemein trostlosen Gebirge durchfuhr, beleuchteten brennende Bäume wie mit Riesenfackeln unsere Bahn. Wie Zunder fangen die morschen Stämme Feuer, die Flammen schiessen durch das hohle Innere aufwärts und züngeln aus Spalten und Astlöchern hervor, so dass im

Handumdrehen der ganze Riesenbaum an vielen Stellen gleichzeitig in Brand gerät. Endlich kann der verkohlte Stamm die grosse Last nicht mehr tragen: ächzend und krachend stürzen Stamm und Krone, beim Sturz Lawinen von Funken durch die Finsterniss sendend, während die Flammen die dichten Rauchwolken wie mit Abendrothglut durchleuchten. Bald haben die Stämme der nächststehenden Bäume Feuer gefangen, dann rasen die Flammen auch durch ihre Aeste und Zweige, verbrennen das Holz, versengen die Nadeln, verbreiten Verderben ringsum. Ein Waldesabhang fällt zum Opfer, ein zweiter folgt, und so fort, bis kalte starre, baumlose Felsmauern dem Flammenmeer Halt gebieten. Nichts bleibt von solchen Waldbränden übrig, als die kurzen, schwarzgebrannten Stümpfe, die, wie klagend, kahle verkohlte Aeste gegen den Himmel strecken.

Aber diese Bäume haben noch andere, stärkere unbarmherzigere Feinde als das Feuer: die Schneelawinen. Es ist, als wollte die Natur hier oben, inmitten von Felsen, Schnee und Eis, wirklich alles Leben ersticken und zerdrücken. An zahlreichen Hängen sah ich die Bahnen solcher Schneestürze genau verzeichnet. In der Selkirkkette bedurfte es der Erbauung von 29 km langen Schneetunnels, um die Eisenbahn gegen die Lawinen zu schützen. Die Bahn ist an besonders gefährlichen Stellen in den Felsen gehauen und die schweren dicken Balken des Schutzdaches wurden in die Ebene des Abhangs gelegt, so dass sie den herabstürzenden Massen keinen Widerstand entgegensetzen und diese über sie hinweggleiten. An anderen Stellen mussten grossartige Brücken über die beiden Gebirgsbäche gebaut werden, deren Schluchten die Bahn bei der Ueberschreitung der Felsenkette folgt. Der »Mountain Creek« wird auf einer hölzernen Brücke von 180 m Länge und 54 m Höhe gekreuzt, und über den tiefen Cañon des Stony Creek führt eine hölzerne Bahn von 135 m Länge, die auf Holzpfeilern von 90 m Höhe ruht, die höchste bisher gebaute Brücke dieser Art. Der Zug hielt gerade auf dieser Brücke, um die Lokomotive mit Wasser speisen zu lassen, und wir sprangen aus den Waggons, um nicht nur das kühne Werk der englischen Ingenieure, sondern auch die wilde Schlucht zu bewundern, durch welche der wasserreiche Bergstrom in 30 m hohem, schäumendem Wasserfalle dem Columbia zueilt.

Auf der Höhe des Rogers-Passes erreichten wir die Quelle des Biberflusses, dem wir bisher gefolgt waren. Hier wechselt der Charakter der Gebirges. An die Stelle der Schluchten und Katarakte treten schneebedeckte Höhen, die bis zu 3600 m emporsteigen, und zwischen ihnen eingesattelt liegt ein massiger Gletscher, der bis unmittelbar an den Pass hinabreicht. Die blaugrünen Krystallflanken des Eisriesen winkten mir so verlockend zu, dass ich einen unfreiwilligen, durch einen Unfall an der Maschine bedingten Aufenthalt benutzte, um über das Gerölle und den Schutt der Moräne bis zu den Eismassen emporzuklettern und dort einen besseren Ueberblick über die weiten Eis- und Schneefelder des Kammes zu haben. Keines der Gebirge, das ich in verschiedenen Welttheilen gesehen, besitzt alpinen Charakter in so hohem Grade wie die Selkirk-Kette — ja ich würde sie am liebsten mit den gewaltigen Mischabels, den Monte Rosa und das Matterhorn mit einbegriffen, vergleichen. Ein noch namenloser Berg besitzt ganz die kühnen Formen des letztgenannten Berges, und ebenso sind die Gletschermassen auch hier von der gleichen Ausdehnung. Wie dort das Zermatt- und das Saas-Thal die kühne Gebirgskette einfassen, so sind es hier die beiden Parallelthäler des Columbia, zu welchen die Eisenbahn von der Höhe des Rogers-Passes mittelst Spiraltunnels hinabsteigen muss, denn der Fall beträgt innerhalb 3,2 km über 200 m!

Etwa 35 km südlich von der zweiten Ueberschreitung des Columbia durch die Eisenhahn erweitert sich der Strom zu einem an 150 km langen und durchschnittlich 5 km breiten See, dem Arrow-lake, welcher das ganze Thal zwischen der Selkirk-Kette und ihrer westlichen Parallelkette, der Golden Range ausfüllt. Weitere 30 km gegen Süden vereinigt sich der Columbia mit dem Kootenay. Die beiden Flüsse, deren Quellen nur 2 km von einander liegen und die, wie gesagt, durch einen Canal verbunden wurden, kommen erst nach einem Laufe von je 700 km zusammen, obschon die Quellen von dieser Vereinigung nur 130 km entfernt sind!

Gerade so wie der Columbia einen spitzen Winkel gegen Norden beschreibt, so thut es auch der Kootenay gegen Süden, und das Knie des letzteren Flusses reicht weit über die canadischen Grenzen tief in den Staat Montana hinein. Er wendet sich jedoch wieder in nordwestlicher Richtung nach Britisch Columbien zurück und durchfliesst die südliche Hälfte des grossen, über 100 km langen Kootenay-Sees, um, verstärkt durch die Zuflüsse des letzteren, etwa in der Mitte des westlichen Ufers wieder herauszutreten; 50 km weiter westlich ergiesst er sich in den Columbia.

Auf diese Weise umschliessen die an ihren Quellen wie an ihrer Mündung vereinigten Flussläufe eine gewaltige Felseninsel — die ganze Selkirk-Kette, die wie eine natürliche Citadelle von allen Seiten mit tief eingeschnittenen Wassergräben umgeben ist, ein Phänomen, das sich in dieser Art wohl nicht noch einmal auf der Erde vorfindet. Früher müssen die Flussläufe noch viel bedeutender gewesen sein, denn in den Thälern des Kootenay wie des Columbia finden sich hoch oben an den Thalwänden unzweifelhafte Gletscher-Spuren, während die Thalsohle zahlreiche erratische Blöcke zeigt, aus denen zu schliessen, die Richtung der Gletscher eine nordsüdliche war. Ungeheure Moränen lassen an vielen Stellen auf die Grösse und Ausdehnung der Gletscher schliessen, die sich heute bis auf ca. 1350 m Höhe zurückgezogen haben.

An der Grenze der Verein. Staaten, gegenüber dem canadischen Grenzort Shepherd und weniger als 70 km vor der Einmündung des Kootenay erhält der Columbia vom Osten her seinen zweitgrössten Nebenfluss, nach seinem Entdecker »Clarke Fork of the Columbia River« genannt. Auf manchen Karten ist dieser grosse Wasserlauf auch als Flathead oder auch Pend d'oreille-Fluss bezeichnet, indessen dürfte es doch nur ein schuldiger Tribut gegenüber dem heroischen Entdecker Kapitän Clarke sein, wenn in Zukunft der Name Clarke Fork auf allen Karten eingeführt würde. Der Name Flathead rührt von den Indianern her, deren einstiges Gebiet und jetzige Reservation er in seinem Oberlaufe durchfliesst. Pend d'oreille jedoch ist einer der ungemein zahlreichen französischen Ortsnamen, welche sich im ganzen Canada sowie im Westen und Nordwesten der Ver. Staaten bis auf den heutigen Tag erhalten haben und an die kühnen Reisen der französischen Canadier zu einer Zeit erinnern, als noch kein Anglosachse in jenen Gegenden erschienen war. Gerade im Stromgebiete des Columbia sind diese Namen sehr häufig, und obschon in Bezug auf den Clarke Fork in Anbetracht des historischen Moments die Beibehaltung dieses Namens statt Pend d'oreille empfohlen wird, so wäre doch eine Umtaufung anderer französischer Namen in diesem Gebiete durchaus nicht wünschenswerth, ja in Bezug auf die vielen indianischen Namen sogar eine Unthat, der sich die Engländer und besonders die Amerikaner leider nur zu häufig schuldig machen. All' diesen willkürlichen Aenderungen sollte man mit aller Entschiedenheit entgegentreten, denn die indianischen Namen haben nicht nur grössere Berechtigung, sie sind auch gewiss poetischer und klangvoller als die englischen. So hat der Columbiastrom an seinem rechten Ufer noch die Zuflüsse Okinakane, Yakima, Klikitat, durchwegs indianische Namen; die linksseitigen Zuflüsse jedoch haben schon französische und englische Namen, weil sie von den weissen Trappern und Händlern viel häufiger besucht wurden: so der grösste Nebenfluss des Columbia, der Snake River (Schlangenfluss) mit seinen Nebenflüssen Salmon River, der sich aus dem Taylors Creek (!) und Mormon Fork zusammensetzt, Clearwater River, Smoke Creek und Crab Creek; ferner an der Südseite des Columbia neben dem Umatillafluss der

Birken-, Butter- und Weidenfluss; weiter stromabwärts der John Dayfluss, dann die Rivière des Chutes und endlich der letzte, der Willamette.

Doch zurück zu dem herrlichen Clarke Fork, dessen Mittellauf ich auf einer Strecke von etwa 200 km auf der Northern Pacific-Eisenbahn entlang fuhr. Als der eigentliche Quellauf des Clarke Fork ist wohl der Bitter Rootfluss anzusehen, der in der gleichnamigen Bergkette, keine 50 km von dem Stromgebiete des Missouri, im westlichen Montana entspringt, auf 114° ö. L. den Missoulifluss und auf 115° den Flatheadfluss empfängt. Der letztere entströmt dem Kootenay-Pass und dem Boundary-Pass der Felsengebirge hart an der canadischen Grenze und durchfliesst auf seinem südlichen Laufe ein ähnliches Längsthal, wie der ihm nahe Kootenay. Nach einem 120 km langen Lauf erweitert er sich zu dem inselreichen schönen Flathead-See, etwa 50 km lang und 20 km breit, verlässt denselben an seinem südlichen Ende und mündet 50 km weiter südlich in den Clarke Fork, der, seine nordwestliche Richtung beibehaltend, 130 km weiter nach Idaho eintritt. Dort durchfliesst er den nördlichen Arm des herrlichen Pend d'oreille-Sees, dieses Vierwaldstätter Sees des amerikanischen Nordwestens, an dessen nördlichem Ufer die Pacificbahn entlang läuft.

Die in Gestalt eines ununterbrochenen Hochgebirgszuges die Grenze zwischen Montana und Idaho bildenden Bitter Root Mountains lagern sich den Felsengebirgen westlich in einer Länge von über 300 km vor und bilden eines der am meisten geschlossenen Kammgebirge des ganzen Systems, mit einer Kammhöhe von etwa 2700 m. Ihre höchsten Punkte, wie der Pack Saddle und der weithin sichtbare Lolo Peak, sind mit ewigem Schnee bedeckt, obschon sie kaum über 3500 m emporragen. Dem Unternehmen der Pacificbahn stellte sich diese Gebirgsmauer ohne irgend welchen praktikablen Pass ungemein hinderlich entgegen, so dass sich die Ingenieure genöthigt sahen, die Bahnlinie im weiten Bogen nördlich um die Bitter-Root-Kette herumzuführen, dort, wo der Clarke Fork selbst seinen Durchbruch durch die Gebirge vollzog.

In dem nördlichen Winkel des neuen Staates Idaho wechselt die Gegend ihre landschaftliche Physiognomie. In die Ausläufer des Coeur d'alêne-Gebirges hineingebettet, liegen hier ausser dem genannten Pend d'oreille noch der schöne Coeur d'alêne, der Ocolala und ein ganzes Netz kleinerer Bergseen, welche durch Flussläufe mit einander verbunden sind.

Es war an einem schönen warmen Septembertage, als ich längs der romantischen Nordufer des vielbuchtigen Pend d'oreille-Sees, dem

Kalispelm-See der Indianer, dahinfuhr, bald auf dem aus dem harten Felsufer gesprengten Bahnbett, bald auf langen, noch von frischem Harz duftenden »Trestle«brücken, und schon prangten die Felsenketten rings um den See in weissem Schneekleide, während die bergigen Ufer der zahlreichen Buchten mit prachtvollen Nadelwäldern bedeckt waren, und so das Alpenbild vervollständigten, das hier so viele tausend Kilometer von der Schweiz entfernt, dem staunenden Besucher im Herzen der Felsengebirge vor Augen tritt. Jenseits des Sees, der Bahn gegenüber, gewahrte ich die imposante, senkrecht aus dem See emporsteigende Felswand des Granite Point und dahinter, an 1800 m über den Seespiegel in die Lüfte ragend, den Granitberg selbst, überragt von dem schneeigen Gipfel des Pack Saddleberges und der im Abendroth der untergehenden Sonne erglühenden Coeur d'alêne-Kette.

Bis zum Eindringen der Eisenbahn war der ungeheure Urwald des Pend d'oreille mit seinen stolzen Douglas-Tannen, Cedern und Tamarackbäumen durchaus jungfräuliches Gebiet. Der alte »Mullanweg«, der von Montana nach Washington führend, dieses Gebiet berührte, war der Frühlingsfluthen wegen selten vor Mitte Juli passirbar und verschneite in seinen höheren Stellen wieder vier Monate später. Was sich aber an Jägern und Trappern von den entlegenen Posten der Hudsonbai-Gesellschaft hierher verirrt hatte, war zu vereinzelt, um als »weisse Besiedlung« gelten zu können. Deshalb herrschten auch hier die Indianer ganz unbeschränkt: die Flatheads, Nezpercé's, Kootenays (vielleicht vom Courtnez?) Piegans u. s. w., die sich heute grösstentheils auf der ihnen von der Regierung eingeräumten Flathead-Reservation, 1½ Millionen Acres umfassend, niedergelassen haben. Diese Reservation wird von der Eisenbahn mitten durchzogen, und häufig genug sieht der Reisende schon vom Waggonfenster aus die einstigen Landesherren. Westlich vom Pend d'oreille-See übersetzt die Eisenbahn auf einer stattlichen Brücke den nach seinem Ausfluss Pend d'oreillefluss genannten Clarke Fork, der wie gesagt nach Nordwesten fliessend, sich bei Fort Shepherd mit dem Columbia vereinigt, und wendet sich südwestlich dem ausgedehnten Spokane-Plateau zu, durchflossen von dem, seiner grossartigen Fälle wegen bekannten Spokanefluss. Dieser fällt im nordöstlichen Winkel des Staates Washington in den Columbia, dort wo der letztere plötzlich seinen südlichen Lauf aufgiebt und sich in einem scharfen Winkel nach Westen wendet.

An seinem rechten Ufer erhält der Columbia auf seinem Laufe durch Washington, von der canadischen Grenze bis nahe an jene Oregons, nur Einen bedeutenden Nebenfluss, den merkwürdigen Okanagan oder Okinakane (erstere Schreibart ist die richtige). Derselbe ist der Abfluss des langgestreckten gleichnamigen Sees in Britisch Columbien, eines der Längenthäler der Felsengebirge westlich von den Pfeilseen des Columbiathales erfüllend, und fliesst ebenso wie der Kootenay und der Columbia in direkt südlicher Richtung, noch eine Reihe von vier kleineren, reizenden Bergseen bildend: den Lac du chien, Lac Vasuix, Lac des chutes und Osoyoos-See, der bereits zur Hälfte auf Washington-Gebiet liegt. Von der Mündung des Okanaganflusses in den Columbia nimmt auch der letztere eine südliche Richtung an, die er bis nahe an die Grenze Oregons beibehält.

Hier an dieser Strecke durchströmt er das grosse »Columbia-Plateau«, einen der interessantesten Theile seines Stromgebietes. Ein fast rundes Becken von etwa 500 km Durchmesser bildend, wird das, irrthümlich Plateau genannte, Becken rings von Bergketten umschlossen, die ihre Flussläufe von allen Seiten konzentrisch nach dem Columbia senden: den Clarke Fork, Spokane und Lewis Fork (Schlangenfluss) von Osten, Okanagan von Norden, Pisquasse und Yakima von Westen, Wallawalla, Umatilla und Butterfluss von Süden. Alle Flussläufe haben sich durch die harten Felsschichten am Rande des Thales enge, oft mehrere Tausend Fuss tiefe Cañons gegraben und sind zahlreicher Fälle und Stromschnellen wegen der Schiffahrt von geringem Nutzen. Die meisten dieser Ströme drängen sich an der Südseite des weiten Thalkessels, an der tiefsten Stelle desselben zusammen, und unmittelbar westlich von derselben bricht sich der Columbia die Bahn durch das sich ihm entgegenstellende Kaskadengebirge, um den Ozean zu erreichen. Von der genannten tiefsten Stelle des weiten Beckens erhebt sich der Boden sanft ansteigend nach allen Richtungen den Gebirgen zu, eine ausgedehnte, mit losem Sand und Steingerölle bedeckte Wüste bildend, so dass die sie durchschneidende Eisenbahn ähnlich wie gegen Schneeverwehungen durch Holzwände gegen Sandverwehung geschützt werden musste. Selbst das Städtchen Ainsworth, an der Mündung des grossen Schlangenflusses in den Columbia, ist noch buchstäblich auf losen, weissen Flugsand hingebaut. Aber je weiter man sich von diesem Mittelpunkte der Flussläufe nach allen Richtungen hin entfernt, desto fruchtbarer wird das Land, bis es in einem 30 bis 60 km breiten, die Wüste umgebenden Gürtel den fruchtbarsten Ackerboden, den berühmten »Wheat belt« (Weizengürtel) des Columbia erreicht. Jenseits desselben, auf einer mittleren Höhe von etwa 700 m, beginnt wieder die Waldregion.

Das breite Wüstenbecken wird von einer mächtigen Basalt- und Lava-Schicht eingenommen, durch welche sich die Flüsse ihren Weg gegraben haben und gerade die senkrechte Klüftung der Basaltschichten veranlasste die tiefen »Cañons« oder Schluchten, an deren Grunde die Flüsse dem Columbia zueilen. Nur im Columbia, dann nahe der Mündung des Spokaneflusses und an einzelnen Stellen des Schlangenflusses wurden die Basaltschichten ganz durchwaschen und das Urgestein, der Granit, blosgelegt, während die Flussläufe sonst sich noch in den Basaltschichten befinden. Kalk- oder Sandsteinschichten zeigen sich nirgends.

Die ausgedehnte Wüste, von tausendfachen Lavazacken und Graten durchzogen, war einst wohl ein grosser Süsswassersee, der seinen Abfluss wie jetzt durch das Columbiathal gegen Westen hatte, oder, wie manche behaupten, gegen Süden durch das Sacramentothal. Als dann das grosse, ganz vulkanische Kaskadengebirge aufgeworfen wurde und dessen Vulkane die glühenden Lavaströme weit über das ganze Land ergossen, dürfte dieser Abfluss des Binnensees versperrt worden sein. All' die gewaltigen Schneegipfel dieser Gebirge, wie Mount St. Helens, Mount Hood, Takoma, Adams, Jefferson, the three Sisters u. s. w., waren damals thätige Vulkane und heute sieht man an den hohen, senkrechten Ufern der Flussläufe im Columbiagebiet die horizontalen Lavaschichten der successiven vulkanischen Ueberfluthungen in verschiedener Mächtigkeit. Als diese Lavamassen den Abfluss des Binnensees versperrten, stauten sich dessen, durch die zahlreichen Zuflüsse fortwährend vermehrte Wassermassen zu einem grossen Binnenmeere, welches das ganze weite Becken ausfüllte und endlich an der niedrigsten Stelle einen Abfluss gegen das Meer zu fand. Das Bett dieses Abflusses wurde durch die Gewalt des Wassers immer tiefer in die Felsen eingerissen, bis es endlich mit der tiefsten Stelle des Seebodens in einer Höhe lag und der ganze Binnensee abgeflossen war. Der Spiegel dieses Sees musste einst 600 bis 700 m über dem Meere gewesen sein, denn auf dieser Höhe finden sich im Umkreis des einstigen Sees massenhafte Knochenreste vorgeschichtlicher Thiere, wie die Gebeine riesenhafter Mastodons, die Gerippe des kleinen dreizehigen Pferdes und anderer ausgestorbener Arten, ganze Wagenladungen durcheinander geworfen. Die höher gelegenen Theile des einstigen Seebodens erhielten durch die zahlreichen Zuflüsse grosse Schlamm- und Erdmassen, die sich vor den Mündungen ablagerten und heute den fruchtbaren Gürtel bilden, von welchem schon die Rede war. Als aber der Seespiegel später naturgemäss viel rascher sank, konnte sich nur eine dünne Erdschicht auf dem Boden ablagern, und selbst diese wurde nachher durch die Flüsse fortgespült. Daher die heutige grosse Wüste des Columbia-Beckens. Oberhalb des Durchbruchs des Columbia erhält derselbe von Nordwesten her noch den Zufluss des Yakima, etwas weiter stromabwärts von Osten jenen des gewaltigen Schlangenflusses oder Lewis Fork, den grössten Nebenfluss des Columbia, welcher mit seinem 1450 km langen Laufe der bedeutendere Hauptfluss des Columbiagebietes ist und nach seiner Vereinigung mit dem Columbia auch seine westliche Richtung beibehält. Die ursprüngliche Bezeichnung, welche die Erforscher dieses Gebietes, Lewis und Clarke, den beiden Stromläufen gaben, war die richtige: Clarke fork of the Columbia River und Lewis fork of the Columbia River. Aber dieselbe wurde später willkürlich geändert, und der Name »Columbia« wie wir gesehen haben, einem aus Canada herabkommenden Nebenflusse des Clarke Fork gegeben, während man auch von dem Lewis Fork heute nur mehr als Schlangenfluss spricht. Auch dem Missouri ist das Unrecht widerfahren, als Nebenfluss des Mississippi bezeichnet zu werden, während er doch unzweifelhaft den Hauptstrom des ganzen zentralen Stromgebietes Nordamerikas bildet.

Ich sah die Quellläufe des Schlangenflusses, dort Shoshonefluss genannt, in dem seiner szenischen Wunder wegen berühmten Yellow Stone Park. Westlich von dem grossen Yellow Stone-See, nur vier Kilometer von diesem entfernt, befindet sich die Wasserscheide des Kontinents und der dort gelegene »Two Ocean Pond« d. i. Teich der zwei Ozeane ist als die eigentliche Quelle des Lewis Fork und somit auch als die Quelle des Columbiastromes anzusehen, denn der dem Two Ocean Pond entspringende Flusslauf, ist von der Mündung des Columbia am weitesten entfernt und an 3000 m darüber erhaben. Dieser Flusslauf ergiesst sich in den grossen 2600 m über dem Meere gelegenen Shoshone-See, dessen Abfluss 5 km weiter südlich den Lewis-See bildet und am südlichen Ende dieses Sees als Lewis Fork of the Columbia wieder heraustritt.

Das Gebiet des Schlangenflusses bildet den heutigen Staat Idaho. Er durchfliesst den südlichen Theil des Staates seiner ganzen Breite nach in einem weiten gegen Süden konvexen Bogen und bildet von 43° 40′ n. B. an die Grenze zwischen Idaho und Oregon bis an die Nordgrenze des letzteren Staates. Sein Bett ist tief in die weite Basaltebene des südlichen Idaho eingeschnitten, und an vielen Stellen bildet er beträchtliche Wasserfälle, deren oberster der 10 m hohe »American Fall« ist. Einige dreissig Kilometer weiter abwärts bildet er den grossartigen »Shoshone Fall«, einen der schönsten und grössten Fälle Amerikas, denn der dort 230 m breite Strom stürzt sich über die schwarzen Basaltstufen in ein wildes Felslabyrinth gegen 65 m tief hinab, donnernd und rauschend, und besonders im Frühjahr so beträchtliche Wassermengen enthaltend, dass dieselben nach dem Urtheil von Clarence King jene des Niagara erreichen. Unterhalb des Falles erweitert sich der Strom zu einem seeartigen, von Felsen umschlossenen Becken, aus welchem ungeheure Massen von Wasserstaubwolken emporsteigen und vom Wirbelwind häufig bis zu 300 m emporgetragen werden. Noch weiter stromabwärts, etwas oberhalb der Mündung des Mac Arthurflusses befindet sich noch ein dritter Wasserfall, der »Salmon Fall«.

Das Land, welches der Schlangenfluss in Idaho durchzieht, ist auf hunderte Kilometer in der Runde eine wüste Hochebene mit wellenförmiger, häufig durch trockene Flussläufe zerrissener Oberfläche, mit nackten Felstrümmern oder Treibsand bedeckt. Artemisia ist beinahe die einzige hier gedeihende Pflanze, die hier baumartige Grösse, mit Stämmen von 30 cm Durchmesser und einer Höhe von 3 bis 5 m erreicht. Die Zuflüsse des Schlangenflusses verschwinden an vielen Stellen in tiefen Crevassen, um unterhalb der Basaltschichten weiterzufliessen und an anderen Stellen wieder zu Tage zu treten. Diese Wüsten begleiten den Schlangenfluss mit unbedeutenden Unterbrechungen bis an seine Vereinigung mit dem Columbia, der nun ein mächtiger Strom, in westlicher Richtung dem Meere entgegeneilt. Von Ainsworth an haben wir dem Columbia etwa 50 km stromabwärts durch die sandige, von dunklen Lavamassen durchsetzte Ebene des Umatilla zu folgen, um mit ihm am Ostabhange des Cascadengebirges anzukommen. Je weiter westlich man gelangt, desto höher, schroffer, wilder werden die kahlen, baumlosen Vorberge und die dunkelbraunen Basaltfelsen der Cascaden. Schon springen bei jeder Biegung, welche der Strom macht, die dunklen Wände in seine grünen Fluthen vor oder hängen sich dort, wo er sie unterwaschen, wie mächtige Riesen über seinen schimmernden Spiegel. Rascher, bewegter, reissender jagen die eingeengten Wassermassen dahin, um an der Mündung des John Dayflusses in einer ganzen Reihe von Stromschnellen an den schwarzen Klippen vorüberzustürmen, welche hier aus seinem Bette selbst emporsteigen. Noch eine Strecke weiter, bei Celito, stürzt der Fluss bei niedrigem Wasserstande über eine geschlossene Felsstufe von 7 m Höhe, die sich hier quer über sein Bett wirft. Im Frühjahr, wenn die geschmolzenen Schneemassen der Felsengebirge den Columbia anschwellen, verschwindet dieser Fall und nur ein schäumender Wasserstrich zeigt an, wo sich das steinerne Wehr befindet. Dann vollführen auch gelegentlich waghalsige Piloten mit leicht gebauten Dampfern das Kunststück, darüber hinwegzufahren, einer Kühnheit, welche eine oder der andere sogar über die einige Kilometer weiter unterhalb befindlichen Stromschnellen der »Dalles« ausführt.

Dort erscheint der Strom thatsächlich wie auf seine Kante gestellt. Unmittelbar vorher erweitert er sich zu einem seeähnlichen Becken, über dessen sandiges, linkes Ufer die 3 bis 400 m hohen Wände und Felsspitzen eines ganzen Basaltgebirges in scheitelrechter Jähe aufstarren. Auch am rechten Ufer erscheint der Strom mit demselben schwarzen Gestein, nur von geringerer Höhe, gepanzert. Diese beiderseitigen Basaltwände nähern sich nun weiter abwärts bis auf eine nur einen Steinwurf breite, aber desto tiefer in die Erde klaffende Spalte, und durch dieses Felsenthor drängt sich der ungeheure Strom hindurch, bis er jenseits desselben wieder in seiner früheren Breite weiterfliessen kann. Dieser Durchbruch führt den Namen »the Dalles«, und selbstverständlich kann hier von der Schiffahrt keine Rede sein. Erst in dem unterhalb liegenden Städtchen »Dalles« wird der unterbrochene Dampferverkehr wieder aufgenommen, um jedoch 80 km weiter abwärts neuerdings durch eine Kette von Stromschnellen, die »Cascades«, unterbrochen zu werden, mittelst welcher sich der Columbia den Weg durch die Cascadenkette bahnt. Auf einer Strecke von 10 km hat der Strom hier einen Fall von 30 m. Oberhalb der Cascades ist die Gegend von ganz wunderbarer Schönheit und nirgends in Nord- und Südamerika habe ich Aehnliches wiedergesehen; nur das Yosemite-Thal könnte sich mit jenem des Columbia vergleichen, vorausgesetzt, dass jenes von einem ähnlich grossen, brausenden Strom durchflossen würde. Aber neben den pittoresken grandiosen Bergparthien, den zuweilen mit Riesentannen, Eichen, Fichten und Ahorn bewaldeten Ufern, den zahlreichen Staubbächen, die sich von den Felsen in das Columbiathal hinabstürzen, den mit frischgrünen Balsampappeln geschmückten Inselchen, sind noch andere Merkwürdigkeiten vorhanden, welche diesen Gegenden grossen Reiz verleihen, darunter beispielsweise die von den Fluthen bedeckten Wälder, welche schon Oberst Fremont auf seinem kühnen Zuge 1842 durch diese Gegenden erwähnt. Es sind dies Baumgruppen, die man an manchen Stellen durch das klare Wasser hindurch am Flussgrunde ganz deutlich unterscheiden kann, und die augenscheinlich durch Erdrutschungen von den benachbarten Berghängen in die Tiefe befördert wurden. Die unter den Weissen wie unter den Indianern herrschende Tradition behauptet indessen, die Wälder wären ursprünglich an denselben Stellen gewachsen, wo sie sich noch heute befinden, und die vulkanischen Umwälzungen am Cascaden-Gebirge, welche den Strom aufdämmten, wären die Ursache, dass die Wälder unter Wasser gesetzt wurden. Hie und da zeigt sich zwischen den zerrissenen, vielfach gespaltenen Uferbergen der Ausblick auf einen der Schneeriesen der Cascades, deren dieser Gebirgszug eine ganze Reihe enthält, und die über die grünen bewaldeten Höhen der eigentlichen Kette im blendenden Schimmer ihres weissen Mantels wie Zuckerhüte in den tiefblauen Himmel des pacifischen Nordwestens emporragen. Dort, wo der Columbia die Cascades durchbricht, ist er von dreien dieser Schneeriesen flankirt: im Süden von dem 3600 m hohen prächtigen Mount Hood, im Norden von Mount Adams und Mount St. Helens. Noch weiter nördlich ragt über diese noch die ewige Schneewacht des 4300 m hohen Mount Tacoma hinweg.

Unterhalb der Cascades giebt der wilde, wüste Basalt Cañon viel schöneren landschaftlichen Bildern Raum. Das herrlichste Waldgebirge, beständig von kühnen Felsengruppen durchbrochen, steigt an beiden Ufern empor und giebt dem von jetzt ab in unbeengter Breite dahinrollenden Strom das Geleit. Die Vegetation ist dort, wo es die Felsen überhaupt zulassen, von erstaunlicher Ueppigkeit. Wir haben die Grenze passirt, welche klimatisch die trockene, wüste Ebene des Mittellaufes von den Küstengebieten trennt und sind nun im Bereiche der warmen Passatwinde, die vom Meere kommend, ihre Feuchtigkeit in der kühlen Luft des Hochgebirges als beständige Niederschläge, Nebel, Regen und Schnee, wieder abgeben. Auf dem rechten Ufer erhebt sich weiter abwärts auf einer Basis von etwa 4 Acres der thurmartig aufsteigende 300 m hohe Castle Rock, auf dessen Scheitel ein Wäldchen jener herrlichen Douglas-Tannen thront, die überhaupt die Waldkönigin der unendlichen Forsten in Oregon und Washington ist. Auf dem linken Ufer aber thürmen sich wieder in düsteren Ablagerungen die berühmten Basaltmassen des Columbia auf, von denen Goethe noch keine Ahnung hatte, als er in dem bekannten Verse der neuen Welt dieses Gestein absprach. Bis zu einer Mächtigkeit von 1200 m treten sie hier in regelmässigen schrägen oder horizontalen Schichten zu Tage, die erstarrten Fluthwellen des Feuermeeres, das einst hier wüthete. Oder sie stehen aufrecht da in langen Reihen sechskantiger Säulen. Oder sie bilden, plötzlich abgebrochen und bis in den Fluss selbst vorgeschoben, mächtige Festen nach der Art des Giant's Causeway in Irland oder der Fingals-Insel. Und hier erscheinen auch wieder jene kleinen Nebenflüsse und Bäche, um von der schwindelnden Höhe der Uferfelsen herabzustürzen, welche dieser Strecke des Columbialaufes so besondere Schönheit verleihen. So stürzt der Multnomahbach über eine scharfe Kante, in silberne Staubwolken aufgelöst, 250 m tief herab. Wohin das Auge sich wenden mag, überall ist das massige düstere Gebirge von Schluchten zerrissen und in allen rinnt, zittert und rauscht das nasse Element dem Hauptstrome zu. Und nun grüsst uns auch die Loreley des Columbia, das mächtige Vorgebirge des Kap Horn, zur Rechten, eine langgedehnte 70 m hohe Steinwand, die aus dem Flusse selbst senkrecht emporsteigt, um sich in Felsenterrassen landeinwärts noch weiter bis zu einer Höhe von 600 m aufzubauen. Mitten im Strome aber erhebt sich noch der Roosters Rock, ein einsamer steil emporstrebender Felsen, dessen oberes Plateau in früheren Zeiten den Indianern als Grabstätte für ihre Todten diente.

Bei den »Säulen des Herkules«, zwei gigantischen Felsthürmen, sozusagen dem westlichen Thor der Wunderwelt des Columbia, verlässt die Eisenbahn, die vom Walla-Walla bis hierher seinem Riesenthale folgt, den Strom, um sich in südlicher Richtung gegen Portland, die Hauptstadt Oregons zu wenden. Sie liegt an dem letzten bedeutenden Nebenfluss des Columbia, am Willamette, der aus dem Herzen der Cascade-Mountains, nahe dem 43sten Breitengrade kommend, in nördlicher Richtung das fruchtbarste Thal Oregons durchfliesst und in seinem Unterlaufe auch für grössere Seeschiffe fahrbar ist. Er mündet gegenüber dem Fort Vancouver in den Columbia, 185 km oberhalb der Mündung des letzteren in den Stillen Ozean. Auch der Columbia ist auf dieser Strecke zu allen Zeiten für grosse Seeschiffe fahrbar. Von 4 bis 8 km breit, wälzt er seine gewaltige Wassermenge nun durch dicht bewaldetes Hügelland, später durch Prairieen, die zuweilen von den Frühjahrsfluthen überschwemmt werden. Das saftige Grün der bewaldeten Ufer und die üppige Vegetation auf den mitten in den Strom gebetteten Inseln, erinnerten mich lebhaft an tropische Waldszenerieen. Wo immer Wurzeln an den felsigen Ufern Platz finden konnten, haben sie sich eingenistet; Laubholz wechselt mit Nadelholz ab, und nur selten gewahrt man in einer Lichtung das Blockhaus eines einsamen Ansiedlers.

Endlich ist die Mündung des hier bis zu 11 km breiten Stromes erreicht, aber als wollte sich das Land selbst nur schwer von dem herrlichen Flusslauf trennen, schiebt es noch auf beiden Ufern lange felsige Vorgebirge ins Meer hinaus, Cap Disappointment und Point Adams, und legt auch noch eine Barre quer vor die Mündung, welche die Einfahrt für Seeschiffe beträchtlich gefährdet. An dem Südufer der baiartigen Mündung des Columbia liegt heute noch die erste Stadt, die von Weissen im ganzen Stromlaufe gegründet wurde — der ehemalige Posten der Astor'schen Pelzgesellschaft, Astoria, heute die Metropole der kolossalen Lachsfischereien, deretwegen der Columbia mit Recht berühmt ist, und die einen Gewinn von mehreren Millionen Dollars jährlich abwerfen. — Die Stromschnellen der Cascades und der Dalles ausgenommen, ist der Columbia mit geringen zeitweiligen Unterbrechungen von seiner Mündung bis Kettlefalls, 1160 km landeinwärts, schiffbar. Die genannten Stromschnellen wurden schon vor Erbauung der transkontinentalen Eisenbahn auf kurzen Eisenbahnen umfahren. Bei den unteren Cascaden wird augenblicklich an einem Schiffskanal gebaut, welcher die ununterbrochene Schiffahrt zwischen den beiden durch die Cascaden getrennten Stromstrecken ermöglichen wird.

Geschichte der neuesten Wirren in Mittel-Amerika.

(Juni bis September 1890.)

Von Dr. **H. Polakowsky.**

Die neueste Revolution in der Republik Salvador in Mittel-Amerika und ihre Folgen haben in den letzten Monaten das Interesse der civilisirten Welt in hohem Grade erregt. Ist es doch unzweifelhaft, dass der Isthmus von Amerika, auf dem die fünf Republiken Guatemala, Honduras, Salvador, Nicaragua und Costa-Rica gelegen sind, eine glänzende Zukunft vor sich hat. Dazu berechtigt diese Länder ihre ungemein günstige Lage im Centrum des Weltverkehrs, ihre glückliche topographische Gliederung, welche durch das Ansteigen des Landes von beiden Ozeanen und die zahlreichen Hochebenen und bedeutenden Gebirgszüge alle Klimate und Floren der heissen und gemässigten Zone umfasst, die grossen natürlichen Reichthümer, die enorme Fruchtbarkeit des Bodens und die geringe Bevölkerungszahl. Halb barbarische politische Zustände, welche etwa alle fünf Jahre entsetzliche Revolutionen zeitigen, verhindern aber bisher ein spezielles Eingehen der gebildeten Welt auf ihre Verhältnisse, ein Zuströmen europäischer Kapitalien und Auswanderer. Die Geschichte des neuesten politischen Skandales, der Revolution des Generals Cárlos Ezeta und der dadurch verursachten Wirren, ist so charakteristisch für den heutigen Kulturzustand jener leider in Deutschland noch nicht genügend beachteten Länder, dass eine eingehendere Geschichte desselben von allgemeinem Interesse sein dürfte.

Wenn der Leser im Laufe dieser Abhandlung oft über den Mangel an politischer Reife, an Moral und Rechtsgefühl, an Verständniss für wahre Freiheit und die Grundzüge des Republikanismus erschrecken wird, so möge er bedenken, dass diese Länder erst seit gestern existiren, dass sie unter der langen spanischen Herrschaft absichtlich in halber Barbarei gehalten wurden, dass der Verkehr mit der übrigen Welt fast ganz abgeschnitten war, den im Lande geborenen Weissen und Mestizen nur an wenigen Stellen ein höchst einseitiger oder mangelhafter Unterricht geboten wurde und der plötzliche Uebergang zur republikanischen Freiheit mit Nothwendigkeit zu schweren Wirren führen musste. Diese sind für Guatemala erst mit dem Jahre 1850, der definitiven Etablirung der Herrschaft des indianischen Diktators Raf. Carrera, für Nicaragua erst 1858, nach der Vertreibung des Freibeuters Walker und nach allgemeiner Erschöpfung des Landes, zu einem gewissen Abschlusse gelangt. Noch schlechter lagen die Dinge bei Honduras und Salvador. Costa-Rica hat keine schweren und langen Bürgerkriege, wie die übrigen Staaten, durchgemacht. Die Bevölkerung Costa-Ricas ist eine vorwiegend weisse; auch bei den Mestizen oder Ladinos (Mischlinge zwischen weisser und indianischer Race), welche ca. 70% der Gesammtbevölkerung ausmachen, dominirt die weisse Race bedeutend. Dazu kommt, dass in Costa-Rica zahlreiche europäische Einwanderer seit langer Zeit ansässig sind und einflussreiche Stellen bekleiden, weil der Costaricenser weniger als die übrigen hispano-amerikanischen Nationen an Fremdenhass leidet. Alle diese Momente haben Costa-Rica nicht nur zur politisch reifsten der fünf Republiken Mittel-Amerika's gemacht, sondern dieses kleine Land muss heut neben Chile als das Muster einer amerikanischen Republik bezeichnet werden.

Dass dennoch die Regierung bezüglich der Respektirung der durch die Verfassung und die Gesetze garantirten Freiheiten und Rechte auch in diesem Lande noch bis in die neueste Zeit zu wünschen übrig liess, ist leider eine Thatsache. So sagte der Präsident des Kongresses, Franc. M. Iglesias, in der feierlichen Sitzung vom 8. Mai 1890, als der neue Präsident José J. Rodriguez sein hohes Amt antrat und den Schwur auf die Verfassung leistete: »Ihre freie Wahl durch das Volk ist das erste derartige Beispiel in unserer vaterländischen Geschichte, der nationale Wille hat sich selbständig und energisch ausgesprochen«. (La Gaceta, Diar. Ofic. de Costa-Rica No. 107 v. 10. Mai 1890).

Alle früheren Wahlen waren unter dem Drucke und Einflusse der zeitigen Machthaber zu Stande gekommen. Ich führe gerade dieses Beispiel schon hier an, weil die Revolutionäre in Salvador ihre Schandthaten damit zu beschönigen und zu rechtfertigen versuchten, dass sie den von ihnen schmählich ermordeten Präsidenten Menendez beschuldigten: er habe versucht, Einfluss auf die Wahl seines Nachfolgers auszuüben. Hat er dies wirklich gethan, so that er nur, was alle Präsidenten aller amerikanischen Republiken bisher versucht oder gethan haben, was auch der heutige Präsident von Chile, D. Man. Balmaceda, noch Mitte 1890 versuchte, wodurch die neuesten politischen Wirren, der Kampf zwischen der ausübenden und der gesetzgebenden

Gewalt in Chile veranlasst wurde. Chile wird die erste wahrhaft freie Wahl 1891 haben; ob es dieses Experiment so glücklich wie Costa-Rica bestehen wird, bleibt noch abzuwarten.

Die Wahlbeeinflussung ist entschieden eine Verletzung der Verfassung. Wenn man aber die Geschichte des spanischen Amerikas kennt und also weiss, welche zahlreichen Gesetzes- und Verfassungsverletzungen fast alle Machthaber (mit Ausnahme der Präsidenten von Chile) dieser Länder begangen haben, und wenn man sieht, wie ein Ezeta, der alle Vergehen und Verbrechen, die in allen Gesetzbüchern der Welt berücksichtigt sind — von Verleumdung bis zum Morde seines Wohlthäters und Chef's — begangen hat, durch diese Anklage seine Schandthaten rechtfertigen will, so muss man sich voller Schmerz und Ekel abwenden und kann bezweifeln, ob Länder, die sich einen Ezeta als Regenten gefallen lassen, überhaupt wahrer Kultur und Civilisation zugänglich sind.

Ich sagte: Diese Länder sind seit gestern; 40 Jahre bedeuten im Leben einer Nation nicht mehr als ein Tag im Leben eines einzelnen Menschen. Jeder gerechte Beurtheiler und Kenner jener Länder aber muss zugeben, dass sie, besonders Costa-Rica und Guatemala, in den 40 Jahren, wo sie selbst und in leidlicher Ruhe an dem inneren Ausbaue ihrer Staaten arbeiten konnten, wo sie Verwaltung, Unterricht, Justiz, Heeres- und Steuerwesen erst schaffen mussten, Grossartiges geleistet haben! [1])

In Guatemala stürzten Mig. Garcia Granados und R. Barrios im Jahre 1871 die klerikal-konservative Regierung, die 30 Jahre lang am Ruder gewesen war und nach schweren Kämpfen Ruhe und Ordnung im Lande geschaffen hatte. Bald riss Ruf. Barrios die Macht ganz an sich und herrschte bis zu seinem Tode (1885) als Diktator, mit eiserner Faust jeden Revolutionsversuch niederhaltend. Unter diesen Männern, Carrera und Barrios, die absoluter als der Czar von Russland herrschten, gedieh die »Republik«, machten Ackerbau, Wegebau, Unterricht, Sicherheit für Person und Eigenthum grosse Fortschritte. Barrios vertrieb alle religiösen Orden und zog das riesige Vermögen derselben ein. Aber nur ein kleiner Theil dieses Vermögens kam dem Lande zu gute, das meiste blieb in den Händen des Barrios und seiner Kumpane hängen. Als Barrios starb, hinterliess er ein tief verschuldetes Land mit ungeordneten Finanzen; Geistlichkeit und Aristokratie waren durch die Tyrannei der Regierung des Barrios

[1]) Ich verweise auf meine Schilderung der Zustände in den Republiken Guatemala und Honduras zu Beginn des Jahres 1889 in »Zeitschrift der Gesellschaft für Erdkunde zu Berlin«, Jahrgang 1889 und 1890.

verbittert, der Kredit des Landes gleich Null, Justiz und Verwaltung durch die Willkür und Habsucht des Barrios, der mindestens 10 Millionen Pesos allein für sich aus den Staatskassen gestohlen hatte, korrumpirt.

Unter diesen schwierigen Verhältnissen trat der heutige Präsident Guatemalas, Man. Lisandro Barillas, im Jahre 1885 als zweiter Vice-Präsident die Regierung an und wurde auch durch eine leidlich freie Abstimmung mit grosser Majorität bald zum verfassungsmässigen Präsidenten des Landes gewählt.

Er verdiente den Namen eines Liberalen, gab dem Lande eine im spanischen Amerika selten grosse Press- und Redefreiheit, entfernte zahlreiche der unruhigsten Kreaturen des Barrios, gab den politischen Gefangenen die Freiheit, suchte den Klerus und die Aristokratie durch würdigere Behandlung zu versöhnen und ging mit Eifer und glücklichem Erfolge an die Ordnung der Finanzen.

Sobald die Freiheit zur Wahrheit wird, sobald nicht jeder Revolutionär sein Leben, den Verlust seines Vermögens und den Ruin seiner Familie im Falle des Misslingens seines Unternehmens riskirt, finden sich auch im hispano-amerikanischen Amerika (mit Ausnahme von Chile) stets Leute, welche versuchen die Macht durch Gewalt an sich zu reissen, um an die Staatskassen zu kommen und diese zu bestehlen. Die Revolutionsversuche gegen Barillas gingen weniger von den Klerikal-Konservativen (Servilen) als von unzufriedenen »Liberalen«, denen eben die geordnete Verwaltung, wo viel weniger als früher zu stehlen war, nicht passte, aus. Besonders der General Man. Barrundia, früher Kriegsminister unter Barrios, wühlte eifrig gegen Barillas, so dass er bald aus dem Lande gejagt werden musste. Wir werden später sehen, dass dieser Mann versuchte auch in der Tragikomödie der Wirren von 1890 eine Rolle zu spielen und dabei den zehnfach verdienten Tod fand, zum Glücke für die Ruhe Mittel-Amerikas und speziell Guatemalas.

Die Herstellung einer Union der fünf Staaten Mittel-Amerikas war seit 1880 das Ziel, welches die Regierung von Guatemala mit grösstem Eifer erstrebte. Zahlreiche Anhänger dieser Idee, besonders in den liberalen Parteien, lebten und leben in allen fünf Staaten. In der That erfordert der Trieb der Selbsterhaltung diese Union mit gemeinsamer diplomatischer Vertretung, einheitlicher Leitung der auswärtigen Angelegenheiten, gleichmässiger Heeres-Organisation etc.

1839 zerfiel die Union der Vereinigten Staaten von Mittel-Amerika und gleich darauf begannen die Kriege und die Verhandlungen zur Wiederherstellung derselben. Diese kläglichen Widersprüche, wie die Mehrzahl der ewigen Unruhen und die stete Unsicherheit der politischen Lage, entspringen in erster Reihe dem Mangel an Verständniss für das Grundprincip des Republikanismus, dass sich die Minorität dem Willen der Majorität zu fügen hat. Dazu kommen Habsucht, Ehrgeiz und Rachgier, drei bei den Mestizen sehr verbreitete Laster. Die Anzahl der Kongresse und Verträge, die zur Wiederherstellung der »Union« seit 1840 abgehalten worden, beträgt über ein Dutzend. Die von Bruderliebe überfliessenden Tischreden, Proklamationen und Verträge hinderten aber nicht, dass sich die fünf Natiönchen, oder wenigstens zwei bis vier derselben, alle fünf Jahre blutig in den Haaren lagen.

Rufino Barrios wollte diesem lächerlichen Schauspiele 1885 mit Gewalt ein Ende machen. Er dekretirte die »Union« und ernannte sich zum Oberbefehlshaber der Armeen aller fünf Staaten. Der Kongress Guatemalas genehmigte dieses Dekret des Diktators, welcher sicher auf den Beistand von Honduras und Salvador rechnete. Präsident von Salvador war eine Kreatur des Barrios, der Dr. med. Raf. Zaldivar, einer der gefährlichsten und gewandtesten Intriguanten, der zugleich sein Amt in selbst für Mittel-Amerika seltener Weise zu seiner Bereicherung missbrauchte. Zaldivar hielt sein dem Barrios gegebenes Versprechen nicht, sondern erklärte sich im Vereine mit Nicaragua und Costa-Rica gegen Guatemala. Die Truppen Guatemalas rückten in Salvador ein, bestanden siegreich einige Gefechte, traten aber den Rückzug an, als Barrios und sein ältester Sohn in der Schlacht bei Chalchuapa (2 April 1885) gefallen waren.

Oberbefehlshaber der Guatemalteken war in jenem Kriege Franc. Menendez, ein Salvadorener. Derselbe setzte den Krieg mit an der Grenze gebildeten Guerillabanden auf eigene Faust fort, schlug die Truppen des Zaldivar und wurde bereits 1885 zum provisorischen Präsidenten ernannt. 1887 wurde er zum verfassungsmässigen Präsidenten gewählt und verwaltete sein Amt bis zu seinem Tode (22. Juni 1890). Er hat sich als befähigt und liberal und als so ehrenhaft und gerecht erwiesen, wie man es von dem Chef einer solchen Karikatur von Republik kaum erwarten kann.

Herr Dr. O. Stoll, dem wir den besten Abriss der neuesten Geschichte Guatemalas (bis September 1885) verdanken, schreibt[1]: »Hier (in Salvador) haben wir also einen Sohn des Landes, der als Führer einer feindlichen Armee gegen sein Vaterland zu Felde zieht, der dann den Bürgerkrieg in diesem Lande anfacht, und ein Paar Monat später von der Majorität des Volkes zum Interimspräsidenten gewählt wird, statt als Hochverräther erschossen zu werden. So lange solche

[1]) O. Stoll, Guatemala. Reisen und Schilderungen aus den Jahren 1878—83. Leipzig, F. A. Brockhaus, 1886. S. 496.

Schauspiele in einem Lande möglich sind, bleiben Konstitution und alle geschriebenen Rechtssatzungen ein todter, inhaltsloser Buchstabe«.

Diese Bemerkung ist sehr treffend. Was soll man aber zur Revolte des Ezeta sagen, gegen welche die des Menendez eine wahre Idylle ist? Sicher ist jede Revolution zu verurtheilen, stets als ein Rückschritt jener Länder zu betrachten. Man muss aber zugeben, dass die Befreiung des unglücklichen Landes von der Herrschaft des unfähigen Heuchlers und grossen Diebes Zaldivar der Wunsch der Majorität der anständigen Mestizen war. Nur die Mestizen machen die Politik.

Salvador hatte Ende 1887 nach officiellen Angaben [1]) 663 613 Einwohner. Von diesen sind nach Pedro S. Lamas [2]) 56 % reine Indianer. Diese werden im Kriegsfalle resp bei Revolutionen von den streitenden Parteien gleich wilden Thieren aufgegriffen und zu »Soldaten« gepresst, durch Geld und Branntwein für die resp. »gute Sache« begeistert und benutzen dann jede Gelegenheit zu desertiren oder zu plündern. Die 30 % Mestizen, bei denen das indianische Blut meist stark überwiegt, missbrauchen diese Indianer zur Befriedigung ihres Ehrgeizes und ihrer Rachsucht, und kann man es den Indianern also nicht sehr verübeln, dass sie jede Gelegenheit benutzen, Freund und Feind zu brandschatzen. Um die Sache, die sie als »Soldaten« zu vertreten haben, kümmern sie sich meist nicht, da sie dieselbe nicht verstehen, auch nicht lesen können. Jeder Deserteur wird erschossen; in anderer Weise sind derartige »Armeen« nicht zu erhalten. Bewaffnet werden diese Leute (wie in ganz Mittel-Amerika) mit dem Remington-Gewehr, dessen Gebrauch leicht zu erlernen ist, und dem Haubayonette.

In Guatemala (1 427 000 Einwohner, worunter 58 % Indianer) werden die Indianer nicht zu Soldaten gemacht; nur eine kleine Anzahl derselben wird zum Transporte des Gepäckes und der Kanonen (auf schlechten Wegen, wo Maulthiere nicht zu gebrauchen sind) aufgegriffen. Die Truppen Guatemalas sind deshalb — wie die von Costa-Rica — viel civilisirter und besser, mit europäischen Truppen wenigstens zu vergleichen.

Seit dem Juli 1886 bemühte sich die Regierung von Guatemala eifrig und in der loyalsten Weise eine Union der fünf Staaten auf friedlichem Wege herzustellen. Ich halte diese Bemühungen für zwecklos. Die neueste Geschichte Salvadors liefert den Beweis, dass dieses Land noch so tief in der Barbarei steckt, dass eine innige Vereinigung desselben mit Costa-Rica und Guatemala diese Staaten nur schädigen, inficiren würde, und auch die in Honduras seit dem

[1]) (E. Pector), Notice sur le Salvateur, Paris, 1889.

[2]) Pedro S. Lamas, Apercu économ. et financ. de l'Amérique Latine. Paris, 1885.

Antritte der Regierung des Generals Luis Bogran (1883) erhaltene Ordnung und die grossen Fortschritte, welche jenes reiche Land seitdem gemacht hat, in Frage stellen würde. Dasselbe gilt für Nicaragua. Als die einzige Frucht der Friedenspolitik des Präsidenten Barillas ist die innige Freundschaft zwischen Guatemala und Honduras zu betrachten; sie wird den Kern zu einer wahren Union geben. Die alten Differenzen und Grenzstreitigkeiten zwischen Costa-Rica und Nicaragua sind beseitigt, und beide Länder werden mehr und mehr durch ihr gemeinsames Interesse an der Erbauung des Nicaragua-Kanales, die seit Mitte 1889 energisch in Angriff genommen ist [1]), befreundet. Das Bestreben der Politik Guatemala's muss zunächst darauf gerichtet sein, die Eifersüchteleien und das Misstrauen zwischen Honduras und Nicaragua zu beseitigen, die Grenzstreitigkeiten dieser Staaten durch Schiedsspruch beizulegen. Guatemala und Costa-Rica werden sich ohne Schwierigkeit verständigen, verlangt doch Guatemala keine Vorherrschaft, kein Uebergewicht, die ihm eigentlich durch seine Macht und historische Bedeutung gebührten. Wird in dieser Weise operirt, so dürfte eine Vereinigung der genannten vier Staaten in etwa zehn Jahren möglich sein. Salvador überlasse man zunächst ruhig seinem Schicksale, der Anarchie oder Diktatur.

Die Regierung von Salvador befolgte auch in den letzten zehn Jahren eine Politik, die dem Interesse Mittel-Amerika's nur gefährlich werden kann. Schon Zaldivar verhandelte, während er seinem Wohlthäter Barrios die grösste Freundschaft und Ergebenheit heuchelte, mit Mexico, erbat dessen Beistand gegen Guatemala. Auch Ezeta, der Anstifter des neuesten Skandales, der ganz Mittel-Amerika vor der civilisirten Welt diskreditirt hat, suchte sich bei der Republik von Mexico anzubetteln und bewies dadurch, dass ihm politische Klugheit oder politischer Anstand vollständig fehlen. Droht doch der Unabhängigkeit jener Länder nur durch Mexico Gefahr, und nimmt die Presse Mexico's meist eine den central-amerikanischen Unions-Bestrebungen feindliche Haltung ein.

Es verlohnt sich nicht, auf den Inhalt der seit 1886 abgeschlossenen Unions-Verträge einzugehen. Dieselben sind in den Memorias de Relaciones Exteriores der fünf Staaten abgedruckt, werden aber nun ein todter Buchstabe bleiben. Im Oktober 1889 tagten die Vertreter der fünf Staaten in San Salvador und einigten sich über einen Unions-Vertrag. Als die Kongresse der interessirten Staaten über die Annahme dieses Vertrages beriethen, dessen Ratificirung durch alle

[1]) Siehe meine Aufsätze in Petermann's Geographischen Mittheilungen, Jahrg. 1887 und 1890 (Heft 7 resp. 9).

Kongresse bis zum Dezember 1890 zu erwarten war, brach die Militär-Revolte in San Salvador aus, zu deren Beschreibung ich jetzt übergehe.

Ich schicke voraus, dass das Bild, welches sich der europäische Zeitungsleser auf Grund der lügenhaften Depeschen aus Salvador von dieser Revolution gemacht hat und machen musste, ein vollständig falsches ist. Nie sind Telegraph und Buchdruckerkunst so schmählich gemissbraucht worden, als durch die »Regierung« des Herrn Ezeta und besonders durch diesen Menschen selbst!

Am 22. Juni 1885 war Menendez an der Spitze seiner siegreichen Revolutions-Armee in San Salvador eingezogen, nachdem der Feigling Zaldivar schon Ende Mai mit seinem Gelde aus dem Lande geflohen war. 1887 wurde Menendez vom Volke zum Präsidenten gewählt, trat sein Amt am 1. März an und hätte dasselbe zu Anfang 1892 niederlegen müssen. Am 22. Juni 1890 feierte Menendez in seinem Palaste, der Casa Blanca in San Salvador, den Tag seines Einzuges im Kreise seiner Freunde und Getreuen. Zu diesen zählte er in erster Linie den General Carlos Ezeta, einen Mann, der seine Carrière und Rehabilitation dem Menendez verdankte.

Carlos Ezeta hatte bereits früher eine Revolution gegen Zaldivar unternommen und denselben zu ermorden versucht. Er entzog sich der Strafe durch Flucht nach Guatemala. Hier erklärte er sich »mit Begeisterung« für das Unionsdekret des Barrios vom Februar 1885 und marschirte mit demselben als Brigadier gegen sein Vaterland. Er ist von martialischem Aussehen, war stets sehr liebenswürdig und nachsichtig gegen seine Untergebenen, unhöflich gegen seine Vorgesetzten, was Viele — darunter auch Menendez — als »Biederkeit« auslegten. Aus demselben Holze ist, was hier nebenbei bemerkt sei, der heutige Diktator Brasiliens, da Fonseca, geschnitzt.

Ezeta's rechte Hand war in neuester Zeit ein Spanier, Pastor Ruiz, der verschiedener Verbrechen wegen in Ceuta gesessen und von dort entflohen war. Er verstand es den Ehrgeiz des Ezeta anzustacheln und denselben zu bestimmen, bis zum letzten Augenblicke die grösste Ergebenheit gegen Menendez zu heucheln. Antonio Ezeta hatte in Salvador den Zaldivar, in Honduras den Soto verrathen. Beiden hatte er gedient. Er hat drei Mal gesessen. Da kann man sich nicht wundern, dass ein solcher Mensch an den General Villavicencio, der die gerechte Sache seiner Landsleute gegen Ezeta vertheidigte, eine Depesche richtete, in welcher er ihn mit »Infamer Hund« anredete. — Liest man alle diese Depeschen, Proklamationen, Leitartikel, Briefe, Dekrete etc., mit denen die Zeitungen Mittel-Amerikas in Folge des Attentates vom 22. Juni angefüllt sind, so erkennt man voller Schmerz und Ekel, wie unergründlich die Tiefen menschlicher Bosheit, Dummheit und Gemeinheit sind! Wahrlich, gegen diese »Gesellschaftsretter« von Salvador sind die der denkwürdigen Nacht des 2. Dezembers 1851 in Paris die reinen Waisenknaben.

Am 23. Juni sollte eine Parade in der Hauptstadt abgehalten werden. An dieser sollte auch die Besatzung von Sta. Ana, 500 Mann, die C. Ezeta befehligte, teilnehmen. Es war bereits 10 Uhr am Abend des 22sten geworden und Ezeta war noch nicht in der Casa Blanca erschienen. Seine Truppen hatte er in der festen Artillerie-Kaserne in San Salvador einquartirt, wo die Leute von ihren Officieren durch Lügen, grosse Versprechungen, Geld und Branntwein für die bevorstehende »Gesellschaftsrettung« begeistert wurden. Gegen 10 Uhr rückte ein Theil der Truppen des Ezeta mit Musik vor die Casa Blanca. Als der Kommandant der Palastwache fragte, was dies zu bedeuten habe, ward ihm die Antwort: man wolle dem Präsidenten ein Ständchen bringen. General Marcial, Chef des Generalstabes, überbrachte gleich darauf dem Menendez, der sich in sein Schlafzimmer zurückgezogen hatte, einen Brief des C. Ezeta, worin er mit dürren Worten aufgefordert wurde, sein Amt sofort und ohne Widerstand niederzulegen. Als Menendez sich entschieden weigerte, wurde er von Marcial schwer verwundet und dann von den Begleitern desselben getödtet. Er hatte aber noch Zeit und Kraft dem Marcial eine Revolverkugel durch den Kopf zu jagen.

Die Scene, die sich nun im Tanzsaale und in den Salons abspielte, lässt sich eher denken als beschreiben. Die Soldaten des Ezeta drangen in den Palast und verhafteten in Gegenwart ihrer Frauen und Töchter die Personen, die ihnen von den Officieren bezeichnet wurden. Wer Widerstand leistete, sollte sofort erschossen werden. Der todeswunde Marcial stürmte in den Tanzsaal und rief: Den Damen wird kein Leid geschehen. Das weisse Ballkleid einer jungen Dame aus einer ihm befreundeten Familie, die vor ihm auf die Kniee gesunken war, besudelte er mit seinem Blute. Die älteste Tochter des Menendez rief in dieser Noth nach »Don Carlos« (Ezeta), der Hilfe bringen solle. Als die Dame hörte, dass Ezeta eben der Schurke sei, der das Fest in dieser Weise störte, fiel sie in Ohnmacht.

Die kleine Palastwache, die tapfer gefochten hatte, war bald bewältigt, 30 Mann fielen. Patrouillen der Truppen des Ezeta durchzogen die Stadt und riefen denselben noch in der Nacht zum provisorischen Präsidenten aus. Zu »Ministern« ernannte C. Ezeta am Morgen des 23. die Herren Guirola, Figueroa, Delgado und Arriola. Aber schon am dritten Tage legten die letzten zwei Herren ihr Amt nieder —

Figueroa hatte sich sofort geweigert dieses Amt anzunehmen — und flohen aus dem Lande. Guirola allein wollte dem Ezeta Hilfe leisten und wurde also zum General-Minister ernannt.

Das schamlose Lügengewebe der Telegramme, Aufrufe etc. des Ezeta begann mit dem 23. Juni. Der Telegraph wurde mit Beschlag belegt und nur für die Elaborate des Ezeta und seiner Clique gemissbraucht. Erster Helfershelfer war Andres Amaya, General-Direktor der Telegraphen der Republik, der dafür in der »Gac. Ofic.« und in der officiösen »La Revolucion« (No. 6 vom 22. Juli) gebührend gelobt wurde und hiermit an den Pranger gestellt sei. — Die erste grosse Lüge war die, dass Menendez in Folge der Aufregung an einem Herzschlage gestorben sei. Diese Nachricht wurde auch officiell am 24. Juni den Kabinetten der umliegenden Staaten (auch Mexico's) durch ein Rundschreiben des Ministers B. Molina Guirola mitgetheilt. Diese Kreatur des Ezeta, der einzige gebildete Mensch, der in den ersten Tagen nach dem Verbrechen (als der »Erfolg« noch nicht sichtbar war) ihm als Minister dienen wollte, jammerte in gen. Rundschreiben, dass »zu Anfang der Bewegung der bedauerliche natürliche Tod des Menendez eingetreten sei, der die beabsichtigten Verhandlungen mit ihm unmöglich gemacht habe.« Am selben Tage telegraphirte C. Ezeta, nachdem er vorher die vier Präsidenten der übrigen Staaten Mittel-Amerika's in gleicher Weise belogen hatte, an den Präsidenten von Mexico: »nachdem jener Chef (Menendez) in einem kleinen und unvermeidlichen Scharmützel den Tod gefunden hatte.« — Dieser Widerspruch in den Angaben des »Präsidenten« Ezeta und seines würdigen Ministers wurde erst durch die Zeitungen Mexico's bekannt und kam also erst später in die Zeitungen Mittel-Amerika's, die fast sämmtlich beide Dokumente zusammen abdruckten. (So z. B. »La Nacion« von Tegucicalpa am 11. Juli). Den Gnadenstoss erhielt Menendez durch einen Kolbenschlag. So steht es um den »natürlichen Tod« dieses Mannes.

Die zweite grosse Lüge war, dass die »Armee« mit Begeisterung sich für die Revolution erklärt habe. Die Officiere der Hauptstadt wurden meist überrascht, und stellte man sie vor die Alternative: verhaftet zu werden (und natürlich Rang und Stellung im Falle des Gelingens der Revolte zu verlieren) oder zu avanciren und sofort baares Geld zu erhalten. Die Mehrzahl dieser Menschen entschied sich für das Letztere. Die Soldaten wurden dann leicht durch kleine Geldspenden und Branntwein für die »gute Sache« gewonnen und »begeistert«. Bald waren diese Horden bereit jeden zu ermorden, der ihnen Widerstand leisten oder sie ihres würdigen Führers berauben würde. Die anständigen Bürger verhielten sich aus Furcht vor dieser Soldateska ruhig oder verliessen die Stadt und das Land. Namenloses Unglück wurde durch die That des Ezeta über zahlreiche vermögende Familien gebracht, besonders über solche, von denen ein oder mehrere Mitglieder später die Waffen gegen diese Art von »Regierung« ergriffen. Die Flucht nahm bis Mitte Juli beunruhigende Dimensionen an, so dass Ezeta die Grenzen besetzen, die Häfen sperren liess.

Das Geld zur Bezahlung seiner Soldateska wurde durch Zwangsanleihen eingetrieben, da die Bankhäuser sich sämmtlich weigerten dieser »Regierung« auch nur einen Cent vorzuschiessen. Dieselben mit Gewalt zu berauben wagten die Schurken nicht, da sie fürchteten, dadurch — weil viel fremdes, besonders englisches und amerikanisches Kapital in denselben angelegt ist — mit dem Auslande in Konflikt zu kommen.

Die Entrüstung über die Schandthat der Nacht vom 22. Juni war, zur Ehre der Presse Mittel-Amerikas sei es gesagt, allgemein. Es liegen mir Zeitungen aus Guatemala, Honduras, Nicaragua, Costa-Rica und Panamá vor. Aus Salvador erhielt ich nur die officiöse Zeitung »La Revolucion«, einen der ekelhaftesten und giftigsten Zeitungspilze, die je im spanischen Amerika gediehen, dessen Verbreitung in Europa und Amerika sich aber die Vertreter Salvadors angelegen sein liessen!

Die Regierung von Guatemala legte sofort Nationaltrauer wegen der Ermordung des Menendez an, und das ganze in Guatemala residirende diplomatische Corps (für ganz Mittel-Amerika) beeilte sich dem Minister der Auswärtigen Angelegenheiten seine Aufwartung zu machen und sein Beileid auszudrücken (El Guatemalteco, Diar. Ofic. vom 25. Juni). Die Vertreter der Grossmächte in Guatemala erklärten sofort, dass sie die Zustände in Salvador nicht anerkennen würden und telegraphirten die Thatsachen an ihre Regierungen, dieselben als die Folge einer unwürdigen Militär-Revolte bezeichnend (La Republica, halbofficielles Organ der Regierung von Honduras vom 28. Juni).

Die Dokumente, welche dieser Geschichte als Gerüst dienen, sind den officiellen Zeitungen von Guatemala (El Guatemalteco) und Salvador (La Revoluc. nach der Gac. Ofic.) entnommen und sind dieselben allgemein als wortgetreu anerkannt, von der ganzen Presse (auch in Mexico und Panama) abgedruckt worden. Die Gac. Ofic. von Honduras nahm gar keine Notiz von dem ganzen Skandal, die von Costa-Rica brachte nur einen Bericht über den Empfang des Spezialgesandten dieser Republik in Guatemala und dann zuletzt eine Depesche über den Abschluss des Friedens (in No. 193 vom 20. August). Die »Gac. Ofic. von Nicaragua« konnte ich nicht erlangen. —

Carlos Ezeta theilte die Ereignisse vom 22. der Regierung von Guatemala durch folgende Depeschen mit: — »An General Barillas. — Eine Revolution brach gestern Abend in dieser Republik aus, und bin ich vom Heer zum provisorischen Chef der Exekutivgewalt bezeichnet worden; indem ich Ihnen dies speziell mittheile, ist es mir angenehm Ihnen zu sagen, dass weder die schwebenden Arbeiten der Union noch die herzlichen Beziehungen zwischen dieser und Ihrer Republik hierdurch unterbrochen werden. Es ist kein weiterer Unglücksfall zu beklagen, als der Tod der Generale Menendez und Marcial. — Carlos Ezeta«. Einige Stunden später, als keine Antwort eingetroffen war, telegraphirte Ezeta: »An den General Barillas. — Ich wiederhole Ihnen die Versicherung, dass die neue Regierung von Salvador von den besten Wünschen für Sie und das unter Ihrer würdigen Leitung stehende Volk beseelt ist, nicht nur um die freundschaftlichen Beziehungen zwischen beiden Nationen zu erhalten, sondern um zusammen eine Politik zu befolgen, die für die Interessen beider Völker vortheilhaft ist. Alle Departamentos haben die Neuordnung der Dinge angenommen, das Land ist ruhig und habe ich alle Maassregeln ergriffen, welche dazu führen, die Ruhe zu erhalten. Ich werde schnell jede Unordnung unterdrücken, wenn dieselbe gegen mein Erwarten vorkommen sollte. — Carlos Ezeta.« (El Guatemalteco vom 12. Juli). Barillas begnügte sich damit auf die erste Depesche zu antworten, dass er den Tod des edeln Menendez tief beklage und Truppen an die Grenze senden werde, damit sich die Anarchie nicht auch nach Guatemala verpflanze [1]). Alle weiteren Depeschen des Ezeta, seines Bruders und seiner Getreuen, liess er unbeantwortet.

Die Presse von Mittel-Amerika bezeichnete den ermordeten Menendez als den rechtschaffensten und befähigtsten Präsidenten, den Salvador seit langen Jahren besessen habe. Menendez hielt sich vollständig sicher, da keinerlei Anzeichen von Missfallen an seiner Regierung vorlagen. Ezeta verrieth seinen Chef aus Ehrgeiz und aus Zorn darüber, dass derselbe eine Person (Dr. Interiano) zu seinem Nachfolger bestimmt hatte, mit der Ezeta bitter verfeindet war.

Menendez hat besonders viel für Industrie, Eisenbahnen und Fahrstrassen und für den öffentlichen Unterricht gethan. Die »Freiheit der Presse«, die — obgleich durch alle Verfassungen feierlich garantirt — im spanischen Amerika gewöhnlich mit Ausnahme von Chile und Argentinien eine völlige Unwahrheit ist, war in Salvador bis zu einem

[1]) Der Wortlaut dieser Depesche scheint nicht publicirt zu sein, wenigstens kann ich denselben in dem mir vorliegenden Materiale nicht finden.

gewissen Grade zur Wahrheit geworden. — Die Finanzen waren geordnet. Die innere Schuld betrug Ende 1888 = 6 544 079 Pes., die auswärtige (Garantie für die Kosten der Eisenbahn von Sonsonate nach Sta. Ana) £ 200 000. Die Staatseinnahmen beliefen sich im J. 1888 auf 3 636 539 Pes. (Not. sur le Salvador.)

Ich werde die nun folgenden Ereignisse in chronologischer Folge anführen. Ezeta beeilte sich gleich am 23. Juni Spezialgesandte an die benachbarten Republiken zu senden, die sein Thun erklären und beschönigen und zu diesem Zwecke das Andenken des Menendez verlästern sollten. Nach Guatemala ging Galindo; derselbe wurde von den Ministern überhaupt nicht vorgelassen. Ebenso erging es dem nach Honduras gesandten Individuum. Nach Nicaragua ging Pastor Valle, Privatsekretär und Günstling des Menendez. Er wurde nicht officiell empfangen; dasselbe Schicksal hatte Ezeta's Abgesandter in Costa-Rica.

Präsident Man. L. Barillas erliess am 27. Juni eine Proklamation an seine Mitbürger, in der er die Ereignisse in der Hauptstadt San Salvador vom 22. Juni für einen Schandfleck Mittel-Amerikas erklärt, die Ueberzeugung ausspricht, dass alle Guatemalteken diese Entrüstung über den schändlichen Verrath der Leute, welche die wahren und ersten Beschützer des verfassungsmässigen Präsidenten sein mussten, theilen werden. Die Regierung von Guatemala habe deshalb im Verein mit der von Honduras (Präsident Bogran) erklärt, dass sie die rechtliche Existenz der in Salvador geschaffenen Ordnung der Dinge nicht anerkennen, da dieselbe das Produkt einer schmachvollen Kasernenrevolte, die an die barbarischen Jahrhunderte erinnere, sei. Das Schicksal Salvadors könne Guatemala aus vielen Gründen nicht gleichgiltig sein. Die daselbst entstehende Anarchie könne auch Guatemala in Mitleidenschaft ziehen, und habe die Regierung deshalb zum Wohle Aller und besonders der Bewohner Salvadors, »dessen wahre Rechte und Interessen wir immer respektiren werden«, Truppen an die Grenze gesandt. Er appellirt zum Schlusse an die Hilfe aller seiner Landsleute und aller ehrenhaften Bürger in Salvador und ganz Mittel-Amerika zur Herstellung der Ordnung in Salvador und der Achtung der Gesetze und der Erhaltung des Friedens in Mittel-Amerika, damit auf friedlichem Wege die mit so grossem Erfolge betriebenen Arbeiten des Fortschrittes des Landes und der central-amerikanischen Union fortgesetzt würden.« (El Guatemalteco.)

Durch Dekret No. 431 vom 28. Juni hob Barillas die persönlichen Garantieen (Tit. 2 der Verfassung) für die drei Grenz-Departamentos gegen Salvador auf. — Mar. Guzman, Gouverneur von Sta. Ana, war einer der ersten Flüchtlinge aus Salvador und erreichte die Hauptstadt Guatemala bereits am 27. Juni.

Die »Estr. de Panamá«, eine der gelesensten Zeitungen in ganz Amerika, deren Wochenausgabe auch in ziemlicher Anzahl nach Europa kommt und dort von verschiedenen Zeitungen zur Fabrikation von »Original-Correspondenzen« gebraucht wird, brachte in ihrer Nummer vom 5. Juli die erste Nachricht über die Revolte in einer Depesche aus La Libertad (Salvador) vom 27. Juni, an deren Schlusse gesagt wird: »Trotz dieser Ereignisse herrscht die grösste Ordnung«. — In ähnlicher tendenziöser Weise waren die meisten der folgenden Telegramme gefärbt, wenn sie nicht direkte Lügen enthielten. Liess doch die »Regierung« des Ezeta wahrheitsgetreue Telegramme überhaupt nicht passiren.

Ezeta erklärte, dass er auf Grund des Art. 36 der Verfassung die ausübende Gewalt übernommen habe. Dieser Artikel besagt aber: »Das Recht der Insurrektion hat in keinem Falle die Aufhebung der Gesetze zur Folge; es ist in seinen Folgen darauf beschränkt, so viel als nothwendig die Personen zu entfernen, welche die Regierung bekleiden und interimistisch die zu ernennen, welche an ihre Stelle treten müssen, bis dieselben in der durch die Verfassung vorgeschriebenen Form ersetzt sind«. — Die designirten Nachfolger und Stellvertreter des Präsidenten sind aber die erwählten Vice-Präsidenten, deren erster der Dr. Ayala ist. Ezeta und seine Clique wollten aber selber im Besitze der Macht und der Staatskassen bleiben und dachte er also in Wahrheit nicht daran, Art. 36 der Verfassung zu respektiren.

Das »Diario Ofic.« der Republik Salvador vom 24. Juni brachte einen Leiter, der mit den Worten beginnt: »Heilbringend für das Land unter vielen Gesichtspunkten war die Administration des berühmten Generales Menendez. Er bemühte sich, das Land zu regeneriren und unterstützte ihn in diesem Werke die liberale Partei«. Weiter wird dann ausgeführt, dass sich Menendez in letzter Stunde vorgenommen habe, die Candidatur eines unfähigen, unbekannten Mannes, eines offenen Feindes des Liberalismus und der Union zu unterstützen, und dies habe die liberale Partei zur Verzweiflung gebracht und das Heer aufgeregt. Da alle gütlichen Vorstellungen vergebens gewesen, habe man zur Gewalt greifen müssen, um die Existenz einer konservativen Regierung zu verhindern. Dem ermordeten Präsidenten werden dann noch einige Krokodilsthränen geweiht und »zur Beruhigung der Salvadorener« wird officiel die Lüge abgedruckt: er sei eines natürlichen Todes gestorben.

Es ist zu diesem Artikel der »Gac. Ofic.«, der ersten literarischen Leistung der Helfershelfer des Ezeta, nochmals zu bemerken, dass sich eine nennenswerthe Opposition gegen den Candidaten des Menendez im Lande nicht bemerkbar gemacht hatte. Trotzdem brachte schon No. 1 der »La Revoluc.« vom 1. Juli die grosse Lüge: »General Ezeta ist im ganzen Gebiete der Republik als natürlicher (nato) Präsident der Nation anerkannt worden«. Es folgt dann eine ekelhafte Lobhudelei des Charakters und der Fähigkeiten des Ezeta und seines würdigen Ministers, des Generales (die Generale sind in diesem Musterstaate ungefähr so zahlreich, wie die Unterofficiere in Preussen im Verhältnisse zur Bevölkerungszahl) B. Molina Guirola. Zum Unter-Staatssekretär wurde Fern. Mejia ernannt, die Redaktion der »Gac.Ofic.« übernahm das Ministerium selbst. Schon in No. 1 der »Revoluc.« beginnt die Publikation der Dekrete, welche die Beförderung der Helfershelfer des Ezeta bestimmen.

Gleich am 23. Juni erliess Ezeta zwei Proklamationen. Die eine war an die Salvadorener gerichtet, schmäht den ermordeten Menendez in empörendster Weise und beschuldigt ihn, dass er einen Staatsstreich vorbereitet habe, um eine Diktatur zu errichten. Anarchie und Bürgerkrieg hätten gedroht, das Land in Ruinen zu verwandeln. — Dies ist eine reine Erfindung. Thatsache ist aber, dass die Schandthat des Ezeta einen grossen Theil des Landes ruinirte, den Bürgerkrieg erregte, die Republik zuerst der Anarchie und dann der Willkür eines ehrgeizigen, mit allen Verbrechen befleckten Generales ausgeliefert hat, unter der sie noch heute seufzt! — Die zweite Proklamation ist an die Soldaten gerichtet und verspricht Ezeta denselben reiche Belohnung für ihre »heroischen Thaten«.

Es verdient hervorgehoben zu werden, dass in allen diesen Proklamationen betont wird: Ezeta und die grosse Majorität der Salvadorener seien Freunde der Union. Zahlreiche europäische Zeitungen behaupteten, die spätern kriegerischen Ereignisse zwischen Guatemala und Salvador seien eben desshalb entstanden, dass Ezeta und sein Anhang der von Guatemala gewünschten Union nicht beitreten wolle. Erst später sagte sich Ezeta (durch seine Presse) von einer Union mit Guatemala los, sehr richtig hervorhebend, dass bittere Feindschaft zwischen den Guatemalteken und Salvadorenern herrsche (d. h. unter der Mehrzahl der Mestizen in beiden Ländern), die durch den neuen Krieg von 1890 noch gesteigert, und dass deshalb eine »Union« beider Nationen ein Unsinn sei.

Sehr richtig führte die Zeitung »Diario de Centro-America« (Guatem.) in ihrem Leiter vom 2. Juli aus, dass nie eine unmotivirtere, schändlichere Revolution als die vom 22. Juni stattgefunden habe und dass Ezeta, der jetzt den Menendez aller möglichen Schande und Gewaltthaten beschuldigt, sein intimer Freund und Anhänger gewesen sei, und also — wenn diese Angaben wahr wären — sein Mitschuldiger sei. Ezeta wurde von Menendez mit Geschenken überhäuft; die Waffen und das Reitzeug, die er am 22. benutzte, waren Geschenke des Präsidenten. Vergebens war dieser kurze Zeit vor der Katastrophe durch Sam. Mayorga vor Ezeta gewarnt worden.

Am 25. Juni erliess der Minister der Auswärtigen Angelegenheiten von Guatemala, E. Martinez Sobral, ein Rundschreiben an die Regierungen von Honduras, Nicaragua nnd Costa-Rica, in welchem er energisch gegen die Ereignisse in Salvador protestirt und erklärt: es dürfe nicht zugegeben werden, dass eine Kasernenrevolte eine durch die Verfassung und die Gesetze eines Volkes eingesetzte Regierung ändern könne. Er fordert die befreundeten Regierungen auf, mit ihrem ganzen Einflusse dazu beizutragen, dass die Anarchie in Salvador vermieden werde und daselbst die Ordnung hergestellt werde, die den Interessen Central-Amerikas entspreche. — Die Minister der drei Staaten beeilten sich, den Ideen dieses Circulares beizustimmen. Die Regierung von Honduras erklärte sich bereit, »ihren ganzen Einfluss aufzubieten und die passenden Maassregeln, deren sie fähig sei, zu ergreifen, um die Anarchie in Salvador zu vermeiden.« Der Minister Nicaraguas betonte in seiner Antwort, dass seine Regierung zu friedlichen und brüderlichen Mitteln« zur Erreichung des genannten Zweckes bereit sei. Der von Costa-Rica telegraphirte: »Meine Regierung wird in brüderlicher und freundschaftlicher Weise, wie es die Regierung Ew. Exc. vorschlägt (was nicht der Fall war), zur Wiederherstellung der verfassungsmässigen Ordnung in der Republik Salvador beitragen.« (El Guatemalceto vom 5. Juli).

Aus diesen Antworten geht hervor, dass Nicaragua und Costa-Rica das direkte Einschreiten Guatemalas missbilligen würden. Man musste in Managua und San José de Costa-Rica wissen, dass »brüderliche und freundschaftliche Mittel« bei einem Ezeta, der eben seine Habsucht und seinen Ehrgeiz befriedigen wollte und absolut Nichts zu verlieren hatte, zwecklos seien, da er nur mit Gewalt vom Präsidentenstuhle gestossen werden konnte. Zu verhindern, dass dies durch Guatemala und Honduras geschehe, war die wahre, aber versteckte Aufgabe der Politik der zwei südlichen Staaten Mittel-Amerikas, die in steter Furcht vor einem Uebergewicht der zwei verbündeten Nordstaaten leben.

Am 26. Juni telegraphirte B. Molina Guirola an den Minister der Auswärtigen Angelegenheiten in Guatemala, ihn von der Errichtung der provisorischen Regierung in Salvador in Kenntniss setzend. Es wird darin bedauert, dass der »natürliche Tod« des Generals Menendez weitere Verhandlungen unmöglich gemacht habe und der Minister ersucht: den Präsidenten von Guatemala »zur Anerkennung der Neuordnung der Dinge in Salvador zu bestimmen, welche durch die Nothwendigkeit der Friedenserhaltung geboten gewesen sei«. Minister Sobral beeilte sich dem Herrn Guirola zu antworten, dass seine Regierung, wie jedes ehrenhafte und über die wahre Sachlage orientirte Kabinet, die sogenannte Regierung in Salvador nicht anerkennen könne. Er erklärt zugleich, dass seine Regierung weitere Zuschriften der sog. Regierung in San Salvador nicht beantworten werde (El Guatemalteco vom 5. Juli).

Ezeta hatte auch versucht die in San Salvador residirenden Konsuln zu einer Anerkennung seiner »Regierung« zu missbrauchen. Es war ihm dies aber nur bei den Konsuln von Spanien, Peru und Venezuela gelungen. Diese richteten im Namen des Konsular-Corps von Salvador eine Depesche an Präsident Barillas, in der sie ihre freundschaftliche Vermittelung anboten, um die Differenzen zwischen Guatemala und Salvador beizulegen und den drohenden Krieg zu vermeiden. Der Minister der Auswärtigen Angelegenheiten Guatemalas richtete in Folge dessen am 5. Juli eine identische Note an die Gesandten aller Grossmächte in Guatemala, in welcher er dieselben bat, ihren Konsuln in Erinnerung zu bringen, dass das Völkerrecht denselben nicht gestatte sich in die Staatsangelegenheiten der Länder zu mischen, bei denen sie accreditirt sind. Die Herren Gesandten beeilten sich sämmtlich (mit Ausnahme des spanischen) zu erwidern, dass ihre Konsuln an dem Akte der drei genannten Konsuln nicht beteiligt seien, zum Theil ganz bestimmt gegen diesen Schritt, der fälschlich als im Namen und Auftrage des Konsular-Corps geschehen bezeichnet sei, protestirt hätten, und sie den Konsuln und Angehörigen ihrer resp. Nationen nochmals ganz entschieden strikte Neutralität anbefohlen hätten. Der Gesandte Spaniens, Julio de Arellano, verurtheilte ganz energisch das Vorgehen seines Konsuls und versprach eine strenge Untersuchung des Falles. El Guatemalteco vom 9.—11. Juli bringt alle diese Noten im Wortlaute.

Alle Versuche des Ezeta um Anerkennung seiner »Regierung« waren also vergeblich gewesen. Trotzdem verbreitete seine »Gac. Ofic.« Lügen-Depeschen, die eine baldige Anerkennung durch Mexico, Nicaragua und Costa-Rica in Aussicht stellten. Um sich auf seinem Platze zu erhalten, musste er die Aufmerksamkeit seiner Landsleute durch einen Krieg von seinen Thaten ablenken. Diesen brach er denn auch bald mit Guatemala vom Zaune. Zu diesem Zwecke suchte er zunächst durch die gröbsten Lügen und durch Appell an die niedrigsten Leidenschaften in seiner Presse den alten Hass gegen Guatemala zu erregen. Die Guatemalteken wurden als geschworene Feinde der Salvadorener, auf deren Wohlstand sie eifersüchtig seien, geschildert. Die Regierung von Guatemala suche Salvador zu unterdrücken, deshalb müssten alle Salvadorener zu den Waffen greifen und nicht eher ruhen, als bis ihre Fahnen auf den Thürmen der Hauptstadt Guatemala wehten. Factisch suchte Guatemala das unglückliche Land von der »Regierung« eines Mörders und Räubers zu befreien.

Bereits Ende Juni hatte Guatemala die Milizen in den Süd- und Ost-Departements (nicht in der Hauptstadt) aufgeboten. Es meldeten sich mehr Leute als nothwendig waren, da Guatemala zunächst nur die Grenzen gegen Salvador schützen und besetzen wollte. Dies geschah in den ersten Tagen des Juli. Die Vorposten der Guatemalteken wurden durch Soldaten des Ezeta, welche über die Grenze hin auf dieselben schossen (so am 6. Juli), zu Feindseligkeiten provocirt. Sie gehorchten aber ihren Anweisungen, erwiderten die Schüsse nicht und zogen sich etwas weiter von der Grenze zurück. Oberbefehlshaber der Guatemalteken war General D. Greg. Solares, Chef des Generalstabes General D. Man. Aguilar, Kommandant der Artillerie D. Cay. Sanchez.

Honduras sandte 4000 Mann an die Grenze gegen Salvador und machte weitere 4000 Mann mobil. Auch Nicaragua sandte einige Truppen an seine Nordwest-Grenze (La Nacion, Tegucig. v. 11. Juli). Welche Kosten und Lasten und Nachtheile aller Art der fast ausschliesslich Ackerbau treibenden Bevölkerung jener Länder hierdurch auferlegt wurden, kann sich der Leser leicht vorstellen. Zum Glücke verhielten sich während der ganzen Wirren alle politischen Parteien in Honduras und Nicaragua ruhig, stützten ihre verfassungsmässigen Regierungen, deren Politik von der Mehrzahl der resp. Bevölkerung gebilligt wurde. Costa-Rica ward, Dank seiner glücklichen geographischen Lage, auch bei diesem Konflikte — wie bei der grossen Mehrzahl aller früheren mittelamerikanischen Bürgerkriege — garnicht in Mitleidenschaft gezogen.

Ezeta rüstete inzwischen eifrigst. Viele einflussreiche Officiere kaufte er direkt. So wird über Honduras officiell gemeldet, dass die Befehlshaber der Kasernen in San Salvador je 10000 Pesos und das Generalspatent erhielten. Das Geld hierfür wurde, nachdem die Staatskassen geleert, durch Zwangsanleihen aufgebracht. Schon hier sei aber bemerkt, dass ein grosser Theil der Soldaten und Officiere in den Provinzen sich gegen Ezeta erklärte, und jeden Antheil an dem Verbrechen vom 22sten ablehnte.

Am 11. Juli erliess Barillas von der Hauptstadt aus eine Proklamation an die an der Grenze versammelten Truppen (ca. 15000 Mann), die, frei von aller Ruhmredigkeit, den Soldaten sagte, dass sie das Recht und die Verfassung vertheidigen sollten und die Aufgabe hätten, wenn sie zum Kriege gezwungen würden, Verräther und Verbrecher zu züchtigen (El Guatemalteco vom 12. Juli). Guatemala durfte, wollte es nicht die moralische Hilfe Nicaraguas und Costa-Ricas verlieren und event. Mexico zum Proteste reizen, nicht direkt in Salvador einmarschiren, was vom militärischen Standpunkte allerdings das Richtige gewesen wäre und dem ganzen Schwindel der »Regierung« des Ezeta schnell ein Ende gemacht hätte. Die Presse von Nicaragua und Costa-Rica fuhr fort, die Schandthat vom 22. Juni zu verurtheilen, die Absetzung des Ezeta und die Ernennung des Vice-Präsidenten Dr. Ayala zum provisorischen Präsidenten von Salvador zu verlangen, aber — sie hielt eine bewaffnete Einmischung Guatemalas in die inneren Angelegenheiten der »Schwester-Republik« für nicht erlaubt. Auch die Specialgesandten von Costa-Rica und Nicaragua, Dr. J. M. Castro und Dr. Hilb. Larios, die dem Präsidenten Barillas am 16. Juli ihren officiellen Besuch machten und ihre Beglaubigungsschreiben überreichten, beschworen den Präsidenten den Frieden zu erhalten, Mittel-Amerika nicht durch einen neuen Bruderkrieg vor der ganzen gebildeten Welt zu diskreditiren. Barillas antwortete dem Gesandten Nicaraguas, dass die Ereignisse in Salvador ein Hinderniss für den Fortschritt der Staaten Mittel-Amerikas seien, dass sie es unmöglich machten, die feierlichen Abmachungen, die im Unions-Vertrage stipulirt seien, am beabsichtigten Tage zu erfüllen. Die Ereignisse in Salvador dürften deshalb nicht einen Umfang annehmen, der die Zwietracht in Mittel-Amerika hineintrage und alle Arbeiten im Interesse des materiellen Wohlstandes und der Moral jener bevorzugten Regionen vergeblich mache. Er erklärt zum Schlusse, dass er jede Anstrengung machen werde, um Ordnung und Ruhe in Salvador wieder herzustellen und dabei auf die wirksame Unterstützung der Schwester-Republiken rechne. In seiner Antwort an den Gesandten Costa-Ricas spricht der Präsident die Ueberzeugung aus, dass die ganze gebildete Welt seiner Regierung dafür dankbar sein werde, dass sie selbst grosse Opfer nicht gescheut habe, um die Schandthat vom 22. Juni nicht triumphiren zu lassen. Er erklärt zum Schlusse, dass auch er ein Freund des Friedens sei, nur müsse derselbe anständig und würdevoll sein (El Guatemalteco vom 17. Juli, Gac. Ofic. de Costa-Rica vom 2. Aug.).

Auffallend ist, dass beide Gesandte es vermieden, die That des Ezeta energisch zu verurtheilen und der von Nicaragua sogar von »Achtung vor dem Principe der National-Souveränität«, welches Princip garnicht bedroht war, spricht. Er musste doch wissen, dass die Stimme der Nation in Salvador vollständig geknebelt war, jeder sein Leben riskirte, der gegen die neue »Regierung« innerhalb der Machtsphäre der Bayonette des Ezeta schrieb oder sprach! Viele dieser Leute waren in Ketten gelegt, ihre Frauen und Kinder gefangen gesetzt und mit dem Tode bedroht. Besonders A. Ezeta pacificirte in dieser Weise das Land.

Inzwischen war die Anarchie in Salvador vollständig geworden. General Teod. Funes, Kommandant von San Miguel, erklärte, dass er die »Regierung« des Ezeta nicht anerkenne. Er erliess am 25. Juni zwei sehr maassvoll gehaltene Proklamationen, in denen er sich frei von allem persönlichen Ehrgeize erweist und erklärt, dass er nur für das Recht und die Verfassung eintreten wolle. (El Guatemalteco vom 14. Juli.) Bald schlossen sich ihm die Kommandanten von La Union, Zacatecoluca und Chalatenango an.[1]) Die Soldaten des Funes begingen aber bald in San Miguel schwere Insubordinationen, fingen zu plündern an. Diese Meuterei wurde mit Gewalt durch die den Befehlen des Funes gehorchenden Abtheilungen unterdrückt. Es fielen hierbei über 30 Mann. Aber schon in den ersten Tagen des Juli erschien der dem Generale Ezeta ergebene General Moreno mit 400 Mann vor San Miguel, schlug die Truppen des Funes, besetzte die Stadt und am nächsten Tage unterwarf sich das ganze Departamento dem Ezeta. Mehrere angesehene Bürger, die sich weigerten, dies zu thun, wurden erschossen. (El Guatemalteco vom 15. Juli.)

General D. Horacio Villavicencio, der 700 Mann befehligte, erklärte sich sehr entschieden gegen Ezeta und nahm sein Standquartier in Paraje Galan bei Candelaria, nördlich von Sta. Ana. General Monedero sagte sich mit seinen Truppen in Cerro Colorado unter dem Ruf: »Es lebe Ayala« von Ezeta los. Zahlreiche verfassungstreue Officiere sammelten sich um Villavicencio, auf dessen weitere Thaten,

---

[1]) Die beste Karte von Salvador ist die von M. v. Sonnenstern (New-York, 1859), die auch in »Zeitschrift für Allgemeine Erdkunde«, Berlin 1860, Tafel V reproducirt ist. Die beste Karte von Guatemala ist die Au'sche (Hamburg, Friederichsen & Co.) — Die neuesten vorzüglichen Karten von Guatemala (T. Paschke) und Salvador (G. J. Dawson) sind noch nicht zu erlangen. Die letztere ist zwar bereits seit 2 Jahren fertig, soll aber weder verkauft noch verschenkt werden! Ich verdanke das in meinen Händen befindliche Exemplar der Redaktion von »Petermann's Geographischen Mittheilungen«.

die den Krieg mit Guatemala zum Ausbruche brachten, ich noch später speciell zurückkomme.

General Cisneros, im östlichen Theile des Landes stehend, erklärte sich gegen Ezeta. Dieser sandte den General Caravallo gegen Cisneros, um ihn zum Gehorsam zu zwingen. Bei San Vicente kam es zum Kampfe, die Anhänger des Ezeta wurden geschlagen, Cisneros rückte in San Vicente ein und rief den Ayala zum provisorischen Präsidenten aus. Bei diesen Märschen nahmen natürlich beide Parteien Zwangsaushebungen vor und trieben Kontributionen ein.

Ueber ein Dutzend Generäle und zahlreiche Notable erliessen am 5. Juli von El Coco (Salvador) aus eine Proklamation an ihre Landsleute, in der sie erklärten, dass es eine Schande für ihr Vaterland sei, wenn Ezeta die Macht an sich risse. Sie riefen den Dr. Ayala zum provisorischen Präsidenten aus. (El Guatemalteco vom 16. Juli.) Selbstverständlich nahm »La Revoluc.« und »Gac. Ofic. del Salvador« keine Notiz von diesen Dokumenten.

Während der Inhalt der officiellen Zeitung von Guatemala zeigt, dass die Verwaltung in jenem Staate während dieser Wirren in allen ihren verschiedenen Zweigen ihren gewöhnlichen, geordneten Gang nahm, zeugen die Nummern der »La Revoluc.« für die in Salvador herrschende Anarchie. Mit dem widerwärtigen Inhalte der Leitartikel dieses »freiwillig-gouvernementalen« Blattes will ich den Leser nicht belästigen. Es werden darin mit grösster Frechheit Grundsätze entwickelt, die allen Principien von Recht und Moral Hohn sprechen und wird »das heilige Recht der Revolution« in einer Weise gefeiert, die den Autor zum Ehrenmitgliede eines Anarchistenklubs befähigen. Sonst enthält das Organ des Herrn Ezeta neben den officiellen Dekreten und Proklamationen zahlreiche Abschiedsgesuche, von denen viele nicht bewilligt werden, um die Anarchie nicht auf den Gipfel gelangen zu lassen. Eine andere Reihe von Dekreten zeigt, wie Ezeta die »Freiheit« und den »Fortschritt«, von denen er in seinen Proklamationen redet, versteht. Mehrere hochwichtige Institute wurden aufgehoben, alle Schulen und die Universität des Landes geschlossen, selbst die Armen- und Impfärzte entlassen, um — möglichst viel Geld zur hohen Bezahlung der Soldateska zu gewinnen, damit diese ihrem würdigen Führer gewogen bleibe.

Die »Rekrutirung«, d. h. die Menschenjagd auf die Mestizen und die armen Indianer, die sich nicht freiwillig stellten, wurde inzwischen mit Eifer betrieben. Am 17. Juli hatte Ezeta ca. 20000 Mann unter seinen Fahnen.

Durch andere Dekrete wurde die Beförderung der Kreaturen des Ezeta fortgesetzt. Weiter brachte die »Gac. Ofic.« (u. »La Revoluc.«) die Zustimmungstelegramme der verschiedenen Municipien, die den Ezeta theils als provisorischen, theils kurzweg als Präsidenten (im direkten Widerspruche mit der Verfassung) der Republik anerkannten.

Vom 4. Juli an nahmen die Angriffe gegen Guatemala in der Presse Salvadors einen schärferen Ton an. Die Eitelkeit der »Nation« wurde dadurch zu erregen gesucht, dass man behauptete: Guatemala wolle die Souveränitätsrechte Salvadors beschränken. In No. 3 von »La Revoluc.« wird Barillas bereits als Tyrann bezeichnet und bezweifelt, dass er verfassuugsmässiger Präsident sei. Durch Dekret vom 8. Juli (La Revoluc. No. 4) wurde der Belagerungszustand über das ganze Land verhängt, und alle Männer von 18 Jahren an zu den Waffen gerufen. Wer sich weigert als Soldat zu dienen oder dem Feinde in irgend einer Weise Hilfe leistet, wird nach den Kriegsgesetzen bestraft werden. Niemand darf ohne Pass seinen Wohnsitz verlassen oder aus dem Lande gehen. Eine Proklamation vom selben Tage beginnt mit den Lügen: »Ein Heer bedroht unsere westlichen Grenzen. Die Regierung von Guatemala hat die Absicht sich in die eigenen Angelegenheiten Salvadors zu mischen, ihm einen Herrscher aufzuzwingen.« In einem anderen Artikel wird der Vice-Präsident Dr. Ayala, der in Guatemala Schutz gesucht hatte, in der gröbsten Weise geschmäht. Ezeta und seine Leute hassten diesen im ganzen Lande geachteten Mann ganz besonders, da er berechtigt war die Stelle des C. Ezeta einzunehmen und die vier anderen Republiken Mittel-Amerikas sich mehr und mehr für diese Lösung des Konfliktes aussprachen. Komisch ist der Zorn über die Thatsache, dass auch Man. Delgado, der Kandidat der Liberalen für die nächste Präsidentenwahl, in Guatemala Rettung gesucht und sich dort mit seinem politischen Gegner Ayala vereinigt hatte. Der Redakteur der »La Revoluc.«, dem jedes Ehr- und Schamgefühl abgehen muss, versteht es nicht, wie Männer verschiedener Parteien in der Verurtheilung eines Schurkenstreiches einig sein können. Die Militär-Diktatur wird in den Spalten der »La Revoluc.« als die beste Regierungsform gefeiert. Dies mag für Salvador, dessen Bewohner stets eine bemitleidenswerthe politische Unreife bewiesen haben, bis zu einem gewissen Grade richtig sein, wenigstens sprechen die letzten Ereignisse dafür.

Inzwischen richteten sich die Truppen Guatemalas an der Grenze häuslich ein. Der »El Guatemalteco« brachte täglich Berichte über die Verproviantirung, den Gesundheitszustand etc. der Truppen, schreibt aber nicht, wo die verschiedenen Truppentheile stationirt waren. Er druckt auch die Schmähartikel der Presse des Ezeta gegen Barillas und Guatemala ab, dieselbe scharf kritisirend und den »Mördern und Verräthern vom 22. Juni« unangenehme Wahrheiten sagend. Dagegen unterdrückte die officielle Presse Salvadors alle Anklagen Guatemalas gegen Ezeta und seine Clique oder entstellte und fälschte dieselben in der empörendsten Weise.

Der Grenzfluss zwischen beiden Staaten führt den schönen Namen »Rio de la Paz«. Dieser Name wirkt aber komisch, da sich die Anwohner des Flusses schon sehr oft bekriegten, er oft von ihrem Blute gefärbt war. — Da Ezeta grössere Truppenmassen an einigen Stellen der Grenze sammelte, sah sich auch Guatemala zu neuen Aushebungen gezwungen und wurden bis Ende Juli 40 000 Mann auf die Beine gebracht. Die »Estr. de Panamá« vom 17. Juli beklagt es in würdiger Weise, dass ein neuer Krieg das schöne Central-Amerika heimsuchen werde, hat aber kein Wort der Anerkennung für die Haltung Guatemalas und bestrebt sich sogar Propaganda für die Anerkennung des Ezeta zu machen. Wird doch in derselben Nummer behauptet, dass die öffentliche Ordnung und Ruhe fest gesichert seien und die provisorische Regierung auf doppelter Kraft, der materiellen und moralischen, ruhe! Die Redaktion der »Estr. de Panamá« sollte sich dieses Missbrauches des Wortes »Moral« schämen. Die schöne Proklamation des Barillas druckt sie ohne ein Wort der Billigung ab. — Die »Gac. Ofic.« von Nicaragua brachte am 9. Juli die officielle Meldung des Chefs der Kabelstation in San Juan del Sur, dass alle in La Libertad (Salvador) aufgegebenen Kabeldepeschen der Censur durch die »Regierung« des Ezeta unterworfen seien. — Die »Estr. de Panamá« vom 31. Juli macht dazu die Bemerkung, dass ihr später mitgetheilt sei, diese Censur sei wieder aufgehoben. Dass dies unwahr ist, wird der Leser aus der Besprechung einiger der zahlreichen Depeschen sehen, mit denen die Welt bis Ende August von La Libertad aus heimgesucht worden ist. Als die Nachricht von grossen Siegen der Salvadorener und vom Marsche derselben auf Guatemala gemeldet wurde, bemerkt aber selbst die »Etr. de Panamá«, dass diese Angaben »etwas übertrieben zu sein schienen«. Sie beleidigt aber die Ehre der Central-Amerikaner, indem sie die Ueberzeugung ausspricht, dass Ezeta im Falle des Sieges über Guatemala der populärste Mann in ganz Mittel-Amerika sein würde.

Ich komme jetzt zu den eigentlichen kriegerischen Ereignissen. Ueber diese zu berichten ist sehr schwer, da sich die ersten officiellen Nachrichten meist vollständig widersprachen, sich beide Theile den Sieg zuschrieben. — Die folgenden Angaben sind nach sorgfältiger

Prüfung eines reichen Materiales niedergeschrieben. Die meisten Berichte vom Kriegsschauplatze enthalten viel patriotische Phrasen, zahlreiche Officiere werden namhaft gemacht und gelobt, der Gegner wird geschmäht. Dagegen fehlen klare Angaben über den Ort des Kampfes, den Verlauf desselben, Marschrouten, Verluste, Hauptquartiere und Rückzugslinien.

Ant. Ezeta, der Oberbefehlshaber der Salvadorener, die der »faktischen« Regierung gehorchten, griff am 16. Juli den Villavicencio bei Paraje Galan an. Der Kampf war für letzteren siegreich, Ezeta's Truppen wichen. Aber bald trafen 2000 Mann Verstärkung ein, das Gefecht erneuerte sich am folgenden Tage und endete mit der Niederlage der Vertheidiger der Verfassung resp. der Sache des Ayala. Dieses Gefecht, welches von der Presse des Ezeta als grosse siegreiche Schlacht gefeiert wurde, kostete jeder Partei ca. 200 Mann, die kampfunfähig gemacht wurden. Wie der »Guatemalteco« vom 18. Juli meldet, ersuchte Villavicencio bereits am 16. Juli per Telegraph um Unterstützung durch die Truppen Guatemalas. Die Regierung befahl aber, dass sich die Truppen Guatemalas von jedem Kontakte mit den befreundeten und den feindlichen Streitkräften Salvadors fernhalten sollten. Dieser Befehl wurde aber von einigen Abtheilungen der Guatemalteken nicht respektirt. Dieselben vereinigten sich mit den Trümmern der Macht des Villavicencio, als sich dieser dicht an die Grenze zurückzog. Von den Truppen des Villavicencio desertirten vom 16. bis 19. Officiere und Mannschaften massenhaft, erklärten den Generälen des Ezeta ihre Unterwerfung, da sie glaubten, ihre Sache nehme eine ungünstige Wendung.

C. Ezeta zeigte durch einen sehr selbstbewussten Brief, geschrieben Sta. Ana am 17. Juli (La Revoluc. No. 5), dem Barillas die Auflösung der Streitkräfte des Villavicencio an. Der Brief gleicht einer Kriegserklärung.

Am 18. Juli begannen die Konferenzen zwischen der Regierung von Guatemala und den Gesandten von Costa-Rica und Nicaragua zur Feststellung eines Vertrages, der den Konflikt zwischen Guatemala und Salvador vermeide. Bereits am 20. Juli hatte man sich auf folgender Basis geeinigt: »Die drei vertragschliessenden Regierungen fordern von Ezeta, dass er den Oberbefehl niederlege. Sie werden bewirken, dass der gesetzmässige Nachfolger des Generales Menendez, Dr. Ayala, die Präsidentschaft in der Republik Salvador übernehme und so die Herrschaft der Verfassung, die am 22. durch die Verschworenen gebrochen worden, wieder hergestellt werde. Die drei Mächte garantiren eine vollständige Amnestie für Alle, welche direkt oder indirekt bei der Umsturzbewegung, um die es sich handelt, betheiligt waren. Die Truppen von Guatemala, Salvador und Honduras werden entwaffnet, sobald die Regierung des Ezeta aufgehört hat«. Die Regierung von Honduras beeilte sich allen diesen Punkten beizustimmen. (El Guatemalteco vom 22. Juli.) Auf Antrag des Ministers von Guatemala wurde noch ein Zusatz zum Vertrage gemacht, welcher besagt, dass die hier vertretenen Regierungen die friedlichen Verhandlungen zur Herstellung einer centralamerikanischen Union auf Grund des Vertrages vom 15. Oktober 1889 (San Salvador) fortsetzen werden.

Zur Beschaffung der Gelder, welche die Erhaltung der Armee erforderte, erliess Barillas am 22. Juli ein Dekret, wodurch der Exportzoll auf Kaffee vom 1. August an auf 1 Pes. pro Quintal (46 Kilo) erhöht wird; die Grundsteuer wird auf 6 pro Mil (statt der bisher üblichen 3 pro Mil) pro Jahr erhöht; der Preis jeder Flasche Branntwein aus den Staats-Depôts beträgt 5 Centav. mehr; die Freigabe der Salzgewinnung im Lande wird aufgehoben; die Erzeugnisse und Naturprodukte, die aus dem übrigen Mittel-Amerika eingeführt werden, zahlen vom 1. August an keinen Zoll, ausgenommen sind: Salz, Seife, Kerzen, Branntwein und Tabak. Alle diese Abgaben-Erhöhungen gelten nur für ein Jahr. (Guatemalteco vom 22. Juli.) Schon vorher hatte die Regierung, um eine Theuerung zu vermeiden, grössere Quantitäten von Lebensmitteln (Mais und Bohnen) aus Californien kommen lassen und verkaufte dieselben zum Selbstkostenpreise. Durch Dekret vom 21. Juli wurden alle Männer im Alter von 18 bis 50 Jahren, die nicht durch Gesetz vom Militärdienste befreit, zu den Waffen gerufen. Die sich nicht stellen, sollen für Vaterlandsverräther erklärt und als solche nach den Gesetzen behandelt werden.

Um die augenblickliche Geldverlegenheit der Regierung zu heben, musste eine Anleihe von 1 Million Pes. bei den Kapitalisten gemacht werden. Die Regierung gab dafür Schuldscheine zu 100 und zu 50 Pes. aus und verpflichtete sich, dieselben mit 1 % pro Monat zu verzinsen. Die Quoten wurden je nach dem Vermögen der Einheimischen und Fremden vertheilt. Das erste Viertel der betreffenden Summe musste sofort (am 23. Juli), das zweite Viertel am 31. Juli, das dritte und vierte Viertel am 10. und 20. August gezahlt werden. (Guatemalteco vom 23. Juli.) Guatemalteken und Fremde beeilten sich ihre Quote zu zahlen, viele gaben mehr als in den betreffenden Listen ausgeworfen war. Die Deutschen betheiligten sich von allen Fremden in erster Linie durch hohe Geldbeiträge; Franzosen und Spanier meldeten sich zahlreich als Soldaten. Auch viele Mitglieder der amerikanischen Kolonie meldeten sich bereits am 22. Juli zum Eintritt in die Armee. Am selben Tage erliess auch Barillas im Namen des Ministerrathes die Kriegserklärung gegen Salvador, weil die Truppen dieses Staates in das Gebiet der Republik eingedrungen waren.

Um die Friedensbasis, welche die vier »Schwester-Republiken« vereinbart hatten, werthlos zu machen, liess Ezeta am 19. und 20. Juli seine Truppen über den Rio Chingo gehen und in Guatemala einrücken. Am 20. besetzte eine Abtheilung der Salvadorener nach einem hartnäckigen Gefechte die kleine Stadt Atescatempa, die von allen Streitkräften und waffenfähigen Männern geräumt war. Die Stadt wurde geplündert und dann angezündet, viele Frauen und Kinder wurden ermordet. Die überraschten Guatemalteken zogen sich auf der ganzen Grenzlinie zurück und bezogen feste Positionen bei Chingo. Ein anderer Theil stand bei Yupe und Papapurro. Am 21. und 22. kam es an verschiedenen Stellen dieser Linie zum Kampf, der sehr blutig war (La Nacion vom 23. Juli). Zu bedauern ist, dass eine genauere Beschreibung der Schlachten resp. Gefechte um Chingo und Coco im »Guatemalteco« fehlt. Die Depeschen des Cayet. Sanchez, Oberbefehlshabers der Guatemalteken, über die Gefechte vom 20. und 21. sind unklar, voller patriotischer Phrasen und auch unwahr. Die Guatemalteken schlugen am 22. den Angriff der Salvadorener bei Chingo mit grosser Energie zurück. Letztere verloren ca. 300 Mann und 3 Kanonen und zogen sich nach der Grenze zurück. Diese Angabe wird von verschiedenen Seiten bestätigt. Das Hauptquartier der Guatemalteken war vom 16.—24. Juli in Iutiapa, das ihrer Gegner in Sta. Ana. Am 26. besetzten die Guatemalteken Atescatempa wieder. Es trat Waffenruhe ein, die Salvadorener gingen auf ihr Gebiet zurück. Dazu trugen besonders die Ereignisse in der Hauptstadt San Salvador bei.

Am 23. Juli erliess Mart. Sobral eine Circular-Note an das diplomatische Corps in Guatemala, in welcher er die Gründe auseinandersetzt, die Guatemala zur Kriegserklärung zwingen und zugleich jede Verantwortung für diesen Bruderkrieg abweist. Er verspricht weiter, dass die Interessen der Neutralen respektirt werden sollen (Guatemalteco, 26. Juli). Am 24. erliess Barillas ein Manifest an seine Guatemalteken, in welchem er mit Recht sagt, dass Guatemala Alles aufgeboten habe den Frieden zu erhalten, dass es aber durch den Einfall der Horden des Ezeta zum Kriege gezwungen sei. Die »Nacion« vom 25. Juli brachte die Nachricht der Kriegserklärung und bemerkte zugleich, dass die Diplomatie ihre Thätigkeit begonnen habe, um den Konflikt beizulegen.

Ezeta liess die lächerlichsten Depeschen über seine Siege verbreiten Am 18. Juli, als noch Nichts entschieden war, telegraphirte er nach New-York: »Der Feind (9000 Mann) fiel gestern in Salvador ein. Unsere Streitkräfte warfen ihn zurück und brachten ihm eine vollständige Niederlage bei. Wir haben viele Kanonen und grosses Kriegsmaterial genommen. Ich gebe Befehl auf Guatemala vorzurücken.« Der »Guatemalteco« spricht die Hoffnung aus, dass die durch falsche Telegramme (und Korrespondenzen, z. B. in der »Estr. de Panamá«) getäuschte civilisirte Welt die Wahrheit bald erfahren werde.

Inzwischen erklärten sich in verschiedenen Theilen Salvadors weitere Befehlshaber und Municipien für Ayala. Eine neue Zwangsanleihe von 1 Million Peso, die Ezeta ca. am 20. Juli ausgeschrieben hatte, brachte ihm nur 47000 Peso ein. Um die Verbreitung von Nachrichten über die wahren Zustände in Salvador zu verhindern, wurde die Korrespondenz kontrolirt und selbst den Fremden das Verlassen des Landes verboten. Ende Juli zogen sich die Truppen des Ezeta auch von der Grenze gegen Honduras zurück.

Am 30. Juli telegraphirte Präsident Bogran an Barillas: »Ich habe von San Salvador folgende Depesche erhalten: — 30. Juli 1890. — An General Bogran. — Dem Rufe der Freunde der nationalen Ehre Salvadors und den Hingebungen des Patriotismus folgend, habe ich in dieser Hauptstadt die Herrschaft der Verfassung wieder hergestellt und den gesetzlichen Präsidenten Dr. Raf. Ayala proklamirt. . . Ich bin noch nicht im Besitze der Telegraphen nach dem Westen und bitte Sie, Depeschen an die Präsidenten der drei anderen Republiken zu senden. — Rivas.« General Rivas befehligte in Cojutepeque, Depart. Cuscatlan und war schon vor Wochen von Ezeta nach San Salvador berufen worden. Er hatte demselben erst Anerkennung geheuchelt, erklärte sich aber nach Abmarsch der Gebrüder Ezeta am 29. Juli gegen dieselben, entwaffnete nach längerem Kampfe die dem Ezeta treuen Truppen und proklamirte den Ayala zum provisorischen Präsidenten. Viele angesehene Bürger der Hauptstadt und Umgebung schlossen sich dem Rivas an. Ein Theil seiner Truppen soll aber am 31. Juli an verschiedenen Stellen der Stadt geplündert haben. Auf diese Nachrichten hin kehrte A. Ezeta in Eilmärschen mit 3000 Mann und 30 Kanonen von der Grenze zurück, erreichte San Salvador am 1. August und begann die Beschiessung der Stadt. Nach 40stündigem Kampfe und Zerstörung vieler Gebäude, drang Ezeta in die Stadt ein. Rivas zog sich zurück, wurde im Osten der Stadt erreicht und mit vielen Officieren sofort erschossen. Banden des Ezeta machten auf die versprengten Truppen des Rivas und die fliehenden Familien Jagd. Bereits am 4. August trat A. Ezeta, der sich während dieser ganzen Wirren entschieden als schneidiger General erwiesen hat, mit der Mehrzahl seiner Streitkräfte den Rückmarsch nach Chalchuapa an.

Viele Flüchtlinge aus San Salvador erreichten Cojutepeque. Dr. Ayala errichtete am 2. August seine Regierung im Departement Cabañas. Die Truppen des Generals Grana hielten zu ihm. Die Anarchie war jetzt im ganzen Lande eine vollständige.

Ein ganz besonders klägliches und für hispano-amerikanische Zustände charakteristisches Schauspiel bieten die Banden von Missvergnügten, welche die angebliche oder wirkliche Bedrängniss ihres Vaterlandes benutzen, um mit den Waffen in der Hand in dasselbe einzudringen, die rechtmässige Regierung zu stürzen und sich an die Stelle derselben zu setzen. Ezeta beeilte sich, diese Alliirten unter seinen Schutz zu nehmen, sie auszurüsten. Die Führer dieser Vaterlandsverräther waren D. Estan. Sandoval und Max. Cerna. Der erstere war ein Günstling des Barrios gewesen und gerirte sich jetzt in einer Proklamation als wüthender Feind der Liberalen. Alles in Guatemala seit 1871 Geschehene müsse von Grund aus zerstört werden.

Auf dem Grenzgebiete Guatemalas sammelten sich inzwischen viele Salvadorener, die vor der Schreckensherrschaft des Ezeta geflohen waren. Der bereits oben genannte Barrundia erschien am 4. August an der mexikanischen Grenze in Casconá. Zum Bedauern der Guatemalteken hob ihn aber die mexikanische Regierung auf. Er hatte 6 Mann und 25 Gewehre bei sich. Wieder in Freiheit gesetzt, bestieg er einen Dampfer, um die Häfen von Salvador zu erreichen. Dieser lief aber in San José am 28. August an und hier sollte Barrundia mit Erlaubniss des nordamerikanischen Gesandten vom amerikanischen Dampfer verhaftet werden. Er widersetzte sich, schoss auf die Beamten und wurde dafür von diesen erschossen. Ezeta's Telegramme liessen diesen Mann als Märtyrer erscheinen und die europäische Presse betete diesen Unsinn nach.

Am 2. August trat das diplomatische Corps in Guatemala zusammen und beschloss, auf Ersuchen der Gesandten von Costa-Rica und Nicaragua, seine nichtofficielle Intervention zur Beilegung des Krieges anzubieten. Da diese Vermittelung von Guatemala sofort angenommen wurde, richteten die Herren Gesandten eine Depesche an Ezeta, um zu erfahren, wie er eine freundschaftliche Intervention aufnehmen würde. Er beantwortete diese Anfrage durch eine Circular Depesche vom 3. August an seine Vertreter in den Departamentos, die mit folgenden Worten beginnt: »In demselben Momente, wo ich meinen Fuss auf die von dem kostbaren Blute der heroischen Soldaten von Santa Ana geröthete Lafette setze, welche Soldaten soeben das Vaterland aus den Klauen infamer Verbrecher befreit haben, erhalte ich ein vom diplomatischen Corps, welches in Guatemala residirt, unterschriebenes Telegramm, worin dasselbe seine Intervention anbietet, damit wir einen Friedensvertrag mit unseren Feinden schliessen«. Dieser Schritt wird weiter als die letzte Rettung Guatemalas bezeichnet und erklärt, dass jetzt jedes Abkommen unmöglich sei, dass der Krieg fortgesetzt werden müsse. »Freiheit oder Tod ist unsere Parole«, so schliesst der biedere Ezeta. »Sehen Sie, welche Raserei!« bemerkt Bogran zu diesem Ergusse, indem er denselben an Barrillas telegraphirt, (Guatemalteco 4. August.) Jetzt wäre es Pflicht der übrigen Republiken gewesen, sofort den Krieg an die de facto Regierung des Ezeta zu erklären. Es geschah dies nicht und — die ganze Sache verlief im Sande und Mittel-Amerika ist durch die Regierung eines Ezeta geschändet!

Am 3. August gingen die emigrirten Guatemalteken unter der Führung von Cerna, Irungaray, Sandoval und Aguilar bei Ipala über die Grenze und griffen, im Vereine mit einer Abtheilung Salvadorener, eine Truppe von ca. 2000 Guatemalteken unter General Barillas bei Tempixque an. Sie wurden nach fünfstündigem Kampfe vollständig geschlagen (Guatemalteco 4. August). Nach den Depeschen des Barillas (Bruder des Präsidenten) verloren die Gegner 113 Mann an Todten, die Guatemalteken 9 Mann (?). 18 der aufständischen Guatemalteken, die mit den Waffen in der Hand gefangen genommen waren, wurden am 8. August in Jutiapa kriegsrechtlich erschossen.

Inzwischen wurde die Haltung der Regierungen und Presse von Nicaragua und Costa-Rica immer bedrohlicher für Guatemala. Man scheint in diesen Staaten nur vereinzelt eingesehen zu haben, dass das Brandmal, welches ganz Mittel-Amerika durch eine faktische Regierung des Ezeta und seiner Clique aufgedrückt war, schleunigst und mit vereinten Kräften beseitigt werden musste. Die Zeitung »La Opin. Nacion« (Leon de Nicar.) schrieb, dass — wenn die Salvadorener sich die Regierung des Ezeta gefallen liessen, die Folgen des fluchwürdigen Attentates vom 22. Juni anerkenneten — die übrigen Staaten kein Recht hätten den Salvadorenern eine andere Regierung zu geben. Ein Blatt wie die »Opin. Nacion« kennt aber doch die Verhältnisse in Mittel-Amerika und muss wissen, wie die »Anerkennung« von »Regierungen«, die über einige Tausend gut bezahlter und durch Branntwein begeisterter Bajonnette verfügen, gemacht wird. Auch musste sie wissen, in wie tyrannischer Weise Ezeta jede Opposition innerhalb seiner Machtsphäre, ja jede wahre Nachricht unterdrückt hatte. Die »Opin. Nacion« schrieb weiter: »Mögen es Salvador, Guatemala und Honduras wissen: der Patriotismus fordert von ihnen ihre Streitigkeiten beizulegen; dies ist die Verhaltungslinie der sie folgen müssen.«

Dieser Ausspruch zeigt von einer trostlosen Verkennung der Sachlage, von Mangel an Logik und Rechtsgefühl. Die ehrenhaften Männer der Regierungen von Guatemala und Honduras wollten nur nicht mit Mördern und Verräthern so zu sagen auf einer Bank sitzen, da ganz intime Beziehungen unter so nahe gelegenen und in jeder Beziehung eng verbundenen Staaten unvermeidlich, ja absolut nothwendig sind.

Durch das Verhalten Nicaraguas, auf das ich hier nicht spezieller eingehen kann, sah sich Guatemala, um eine Koalition der drei übrigen Staaten gegen Guatemala und Honduras (wie im Jahre 1885) zu vermeiden, gezwungen, sich rein in der Defensive zu verhalten. Die Presse des Ezeta fuhr fort, mit allen Kräften den alten Nationalhass der Salvadorener gegen Guatemala zu erregen. »La Revolucion« (No. 6) schrieb: »Barillas, der Nero Central-Amerikas, will uns unterjochen, will uns einen Chef seines Charakters auferlegen«. Faktisch war Ayala fast einstimmig vom Kongresse von Salvador zum Vice-Präsidenten erwählt worden und allgemein geachtet. Zur Ehre der intelligenteren Klassen von Salvador sei hier übrigens angeführt, dass Gust. Ortega, der Redakteur der »La Revolucion«, in der No. 6 vom 22. Juli klagt, dass sich keine Mitarbeiter für sein Schandblatt meldeten. Die Habgier der Soldaten wurde erregt, man versprach denselben (meist Indianern, denen die Sache, um die es sich handelte, gleichgiltig und unbekannt war und sein musste) die Plünderung der feindlichen Städte.

Da es dem Ezeta in den ersten Tagen an genügenden Truppen fehlte, die überwiegende Mehrzahl der Bewohner der Hauptstadt sich voller Abscheu von ihm fernhielt, hatte er die Sträflinge in Freiheit gesetzt, sie zu seinen Soldaten gemacht (Nacion vom 4. August).

Die »Estr. de Panamá« vom 7. August bringt eine Korrespondenz aus Managua vom 25. Juli, in welcher der Freude über die Niederlagen der Guatemalteken bei Piedras Azules Ausdruck gegeben wird. Die Salvadorener würden nun auf Guatemala marschiren, um der Regierung des Barillas, »die eine stete Bedrohung für den Frieden und den Wohlstand Mittel-Amerikas gewesen ist, zu stürzen und um Guatemala so eine gute Lektion zu geben, damit seine Regierung sich nicht in die administrativen Angelegenheiten eines Landes mische, welches ihm nicht gehöre.« Ezeta wird gefeiert und gesagt, die übrigen Republiken müssten ihm für seine Heldenthaten dankbar sein. Die Redaktion der »Estr. de Panamá« bemerkt zu dieser Korrespondenz, dass das

Schlachtenglück noch wechseln könne, dass aber der Umschwung zu Gunsten Ezetas allgemein sei und derselbe auf Hilfe (von Nicaragua) rechnen könne. Weiter wird den Hondurenern der Rath ertheilt, sich neutral zu verhalten, da sie doch sähen, dass es den Guatemalteken nicht gut gehe. Aus diesem Rathe spricht ein Mangel an Rechtsgefühl, der einen langjährigen und aufmerksamen Leser dieser Zeitung nicht überraschen wird.

Von Feinden der Regierung des Barillas wurden die Nachrichten über die ersten für Guatemala ungünstigen Gefechte bedeutend übertrieben und im Lande in alarmirender Weise verbreitet. Die Regierung sah sich genöthigt hiergegen mit Strenge einzuschreiten. Die motivirte Kriegserklärung Guatemalas gegen Salvador wurde den Gesandten von Nicaragua und Costa-Rica officiell mitgetheilt. Beide Gesandte drückten ihr Bedauern über den Ausbruch des Krieges aus, erklärten aber die feste Absicht ihrer Regierungen: an dem Vertrage vom 21. Juli festzuhalten (Guatemalteco vom 29. Juli). Der Gesandte von Costa-Rica spricht die Hoffnung aus, dass Guatemala bestrebt sein werde den Frieden möglichst bald herzustellen.

Der energische Mart. Sobral legte sein Amt als Minister der Auswärtigen Angelegenheiten von Guatemala am 7. August nieder. Sein interimistischer Nachfolger wurde der Minister des Inneren und der Justiz, Dr. D. Franc. Anguiano (Guatemalteco vom 8. August). Kurz vorher waren an der Ostküste spanische Kriegsschiffe aus Cuba und an der Westküste amerikanische aus San Francisco zum Schutze der resp. Unterthanen eingetroffen. An der Grenze herrschte Ruhe, beide Theile verhielten sich beobachtend. Ezeta benutzte diese Pause um weiter zu »pacificiren«. Für den Nichtkenner mittelamerikanischer Zustände dürfte es überraschend sein, dass es der anständigen Mehrzahl der Mestizen Salvadors, den Anhängern des gesetzmässigen provisorischen Präsidenten Dr. Ayala, nicht möglich war eine starke Armee zu bilden und Ezeta zu vernichten. Dies erklärt sich aber leicht, wenn man bedenkt, dass Ezeta durch den Besitz der Hauptstadt, wo sich die Arsenale, Munitionsvorräthe, befestigten Kasernen und Staatskassen und alle Kanonen befinden, das ganze Land in Händen hatte. Da er auch bald die Häfen und Grenzen überwachen und dann sperren liess, war es seinen Gegnern unmöglich sich Kanonen, Gewehre und Munition zu beschaffen. Diese konnten sie nur heimlich und also in kleinerer Menge später von den Truppen von Guatemala und Honduras erlangen. Bei einer energischen Fortsetzung des Krieges hätte sich das Bild natürlich bald und vollständig geändert.

Am 13. August dekretirte Präsident Bogran den Belagerungszustand für die Republik Honduras, weil Ezeta unzufriedene Hondurener, Feinde der Regierung des Bogran, in seine Milizen eingereiht hatte (Diario Oficial de Honduras vom 14. August). Am 12. August richtete Ezeta eine Depesche an Bogran, in welcher er demselben Vorwürfe macht, dass er den Ehrgeiz des Dr. Ayala begünstige und Truppen an der Grenze aufgestellt habe. Er fordert in hochmüthiger Weise Erklärungen von Honduras, ob dasselbe Krieg wolle oder nicht und bemerkt, dass nicht Salvador den Frieden erbitte, die Intervention der Diplomatie nicht nachgesucht habe. Der Minister von Honduras antwortete: Honduras wisse sicher, dass Ezeta die unzufriedenen Hondurener zu sich berufen, sie bewaffnet und an der Grenze aufgestellt habe. Die in Salvador wohnenden Hondurener seien feindlich behandelt, einer derselben widerrechtlich erschossen, die Kabelverbindung nach Honduras sei abgeschnitten, aller Verkehr durch die Regierung des Ezeta zwischen beiden Ländern gehemmt worden. Desshalb hätte Honduras die Grenzen besetzt (La Republica vom 16. August).

Am 12. August telegraphirte auch der Sekretär der Gesandtschaft von Costa-Rica aus San Salvador an den Minister der Auswärtigen Angelegenheiten von Honduras: dass die Regierung doch auf alle Fälle den Einfall unzufriedener Salvadorener verhindern möge, da sonst alle Bemühungen der Diplomatie erfolglos bleiben, der Krieg sofort wieder beginnen würde. Minister Jer. Zelaya antwortete: es seien nicht unzufriedene Salvadorener, sondern die Vertreter der gesetzmässigen Regierung Salvadors, welche sich bemühten in ihrem Lande die Herrschaft der mit Füssen getretenen Institutionen wieder herzustellen. Wenn es der Regierung möglich sei, werde sie aber den Einmarsch dieser Salvadorener in Salvador verhindern. Die Gesandten von Nicaragua und Costa-Rica bemühten sich weiter beim diplomatischen Corps in Guatemala um Vermittelung zwischen den kriegführenden Staaten. Es ist überraschend aber eine Thatsache, dass jene Herren — trotz der ersten brutalen Antwort des Ezeta — ihre Bemühungen fortsetzten. Vielleicht geschah dies auch auf Wunsch der Regierung von Guatemala, wo sich die seit 1871 unterdrückte klerikal-konservative Partei wieder zu regen begann.

Auf diese Regierung konnte auch die feindliche Haltung eines Theiles der costaricanischen Presse nur einen deprimirenden Eindruck machen. Auf das Ersuchen des Ministers von Guatemala: ihm mitzutheilen, wie weit ihre Regierungen gehen wollten, um die Regierung von Guatemala bei Herstellung der verfassungsmässigen Ordnung in Salvador faktisch zu unterstützen (nach der Zurückweisung des ersten

Friedensentwurfes durch Ezeta), antworteten die Gesandten von Costa-Rica und Nicaragua nicht. —

Das diplomatische Corps Guatemalas entwarf nun einen Vertrag, aus dem ich Folgendes hervorhebe: (Guatemalteco vom 27. August.) Art. 1. Die Truppen werden von beiden Seiten innerhalb 48 Stunden nach der Anzeige durch das diplomatische Corps, dass diese Grundzüge für einen Frieden von beiden Theilen angenommen seien, zurückgezogen. Art. 2. Zurückführung der Armeen auf den Friedensstand (auch in Honduras) innerhalb 8 Tagen nach Zurückziehung der Truppen von der Grenze. Diese Entwaffnung wird von zwei Mitgliedern des diplomatischen Corps in Guatemala und San Salvador überwacht werden. Beide Regierungen verpflichten sich, die Bildung revolutionärer Banden, die in die Nachbarrepublik einfallen wollen, zu verhindern. Artikel 3. »Um den Unzuträglichkeiten zu begegnen, welche die Zustände Salvadors bezüglich der internationalen Beziehungen bieten, wird der politische und militärische Zustand der Republik vom 22. Juni d. J. wieder hergestellt und die höchste Gewalt für 21 Tage auf die vom Gesetze vorgesehene Person übertragen und hat dieselbe nur das Recht, das Volk zur Präsidentenwahl zu berufen. Falls keiner der Vice-Präsidenten die Gewalt übernehmen will, wird dieselbe dem zeitigen Vorsitzenden des höchsten Gerichtshofes der Republik mit demselben Rechte übertragen. Der erwählte Präsident wird bis zum 1. März 1891 als interimistischer betrachtet werden und dann als verfassungsmässiger Präsident bis zum Ablaufe der gesetzlichen Periode proklamirt, um so die Aufregung zu vermeiden, welche eine neue Wahlkampagne in so kurzem Zeitraume hervorrufen würde.« Artikel 4. »Die Zurückführung des politischen und militärischen Zustandes, von welcher der vorige Artikel spricht, beschränkt sich nur auf die Rückberufung der verfassungsmässigen Vice-Präsidenten, der Mitglieder des höchsten Gerichthofes und der General-Inspektion des Heeres.« Artikel 5. Nach Vollziehung der Präsidentenwahl wird die Regierung von Salvador von den Staaten Mittel-Amerikas anerkannt werden und »ad referendum« von allen in Salvador vertretenen Staaten anerkannt. Artikel 6. Eine allgemeine und bedingungslose Amnestie wird in Guatemala, Salvador und Honduras bewilligt. Artikel 7. Sobald die Republik Salvador gesetzlich hergestellt ist, soweit dies bei den jetzigen Umständen möglich scheint, wird ein Friedensvertrag zwischen den kriegführenden Republiken abgeschlossen und zwar innerhalb 3 Monaten nach der Präsidentenwahl in Salvador. Artikel 8. Diese Grundzüge werden auch der Regierung von Honduras mitgetheilt. Artikel 9. Die Kriegführenden benachrichtigen das diplomatische

Corps innerhalb 5 Tagen, ob sie diese Grundzüge annehmen oder nicht, und wird ihre zustimmende Erklärung mit diesen Grundzügen in den »Gacetas Oficiales« von Honduras, Guatemala und Salvador publicirt werden. — Diese Grundzüge wurden am 21. August in Guatemala von den Gesandten von Nord-Amerika, Costa-Rica, Nicaragua, Frankreich, Spanien, Belgien, Deutschland und England unterzeichnet. — Die Regierung von Guatemala nahm dieselben sofort an. Jetzt reisten die genannten Gesandten sämmtlich nach Acajutla (Salvador), um daselbst mit Ezeta zu verhandeln.

Dieser erkannte klar, dass die Fortsetzung des bisherigen Zustandes seine »Regierung« nur stärken, die von Guatemala aber unendlich schädigen konnte. Er erklärte deshalb, dass er die Grundzüge 3 und 4 nicht annehme, den übrigen aber zustimme. Er werde die Grundzüge (Artikel) 3 und 4 der ehrenwerthen National-Versammlung, die er zu diesem Zwecke zusammenrufen werde, vorlegen, damit sie das Passende bestimme, da sie die berufendste Autorität zur Vertretung der National-Souveränität sei. — Der Zweck dieses Protestes ist klar: der biedere C. Ezeta wollte die Macht nicht aus den Händen geben. Er wusste, dass er als Oberbefehlshaber der Soldaten die Abstimmung der National-Versammlung und die spätere Volkswahl schon in seinem Sinne dirigiren würde.

Dabei erlaubt sich Ezeta noch den bitteren Hohn in der Antwort an das diplomatische Corps zu schreiben, dass er persönlich für die Annahme aller Artikel sei und sie angenommen haben würde, um zu zeigen, dass er die Revolution vom 22. Juni nicht aus persönlichem Ehrgeize geleitet habe. — Ausserdem verlangte und erhielt Ezeta noch unter dem 25. August eine feierliche Erklärung aller Gesandten, dass es ihnen vollständig fern liege sich in die inneren Angelegenheiten Salvadors zu mischen, dies nicht die Absicht der Artikel 3 und 4 gewesen sei. — Durch Depesche vom 26. August nahm die Regierung von Guatemala die von Ezeta beliebten Modifikationen an.

Ezeta hatte, wie der Dekan des diplomatischen Corps, Lansing B. Mizner (U. S. Minister) schreibt, erklärt, dass er die National-Versammlung sofort berufen werde. Am 28. August begann die Zurückziehung der Truppen von beiden Grenzen. Guatemala entliess die Leute an verschiedenen Stellen. Ezeta aber führte seine Truppen erst nach San Salvador, wo er einen triumphirenden Einzug hielt und von dem hohen und niederen Pöbel, der nur und stets dem Erfolge huldigt, wie üblich bejubelt wurde!

Lächerlich ist, dass der Gesandte von Costa-Rica die Annahme dieser Friedensgrundzüge bereits am 19. August an seine Regierung telegraphirte und dabei sagte: »Der Friede ist also unterzeichnet, ein Friede ehrenhaft für die Kriegführenden und für das diplomatische Corps.« (Diar. Ofic. de C.-R. vom 20. August.) Diese Grundzüge, die übrigens erst am 26. August angenommen waren, sind kein Friede. Ich zweifele sehr, dass es zum Abschlusse eines wahren Friedens zwischen der Regierung des Ezeta und der des Barillas überhaupt kommen wird. Und »ehrenvoll« ist dieser Pakt mit einem Ezeta auf keinen Fall. Die Schuld an diesem Misserfolge der Politik Guatemalas, welches der Welt zeigen wollte, dass Mittel-Amerika heute bereits zu den civilisirten Staaten gehört, tragen Nicaragua und Costa-Rica. Wären diese energisch für Guatemala und Honduras, d. h. für die Ehre Mittel-Amerikas eingetreten, so hätte Ezeta seine angemaasste Würde niederlegen und sich mit seinen Helfershelfern vor den Gerichten für den Mord des Menendez und zahlreicher ehrenwerther Salvadorener, die Beraubung der Staatskassen etc. verantworten müssen. Dies wäre die einzig »ehrenhafte«, eines civilisirten Landes würdige Sühnung und Beilegung des empörenden Attentates vom 22. Juni gewesen!

In einer Depesche vom 28. August bedanken sich die Gesandten von Costa-Rica und Nicaragua beim diplomatischen Corps für die »Geschicklichkeit und Ausdauer der Arbeiten des diplomatischen Corps« und feiern in ekelhaften Phrasen die Wiederherstellung eines »würdigen und ehrenvollen Friedens«. — Der Antwort der Gesandten auf diese Note fehlt zum Glücke die Unterschrift des deutschen. (Diar. Ofic. de C.-R. vom 12. September.) -- Ezeta kündigte die Annahme der Friedensgrundzüge seinen Salvadorenern durch Proklamation vom 27. August an, in der er sich Divisions-General und provisorischer Präsident von Salvador — beides aus eigener Macht aber ohne jedes Recht — nennt.

Ich komme zum Schlusse. Betrachtungen, Schlussfolgerungen und Prophezeiungen auf Grund der angeführten Thatsachen zu machen überlasse ich dem Leser selbst. Ich denke, dass diese kurze Geschichte ein ziemlich klares Bild vom heutigen Kulturzustande Mittel-Amerikas giebt und will nur noch bemerken, dass eine Revolution wie die vom 22. Juni (nach meiner Ansicht) heute in Costa-Rica so unmöglich wie in Nord-Amerika oder Chile ist, dass dieselbe in Salvador und Nicaragua sich alle Tage wiederholen kann, ich das Vorkommen und Gelingen derselben in Guatemala und Honduras aber für sehr unwahrscheinlich halte.

In Salvador spielt sich nun vorläufig Alles nach dem Programme ab. C. Ezeta berief den Kongress (National-Versammlung und Senat) von Salvador und eröffnete die Sitzungen desselben am 10. September mit einer Botschaft, in welcher er sein Programm, seine Politik entwickelte. Diese Rede war eine neue Verfassungsverletzung, da Ezeta zu derselben garnicht berechtigt war. »Die Bildung einer wahrhaft nationalen Regierung für alle Salvadorener ohne irgendwelchen Unterschied; volle Gewährung aller gesetzlichen Ansprüche; Gesetzlichkeit; Aufrichtigkeit und Würde in den auswärtigen Angelegenheiten, mit denen energisch jede Art der Einmischung, welche die Autonomie des Landes schädigen könnte, zurückgewiesen werden soll« — so fasst die »Estr. de Pan.« vom 18. September den Inhalt der Rede des Carlos Ezeta zusammen. Selbstverständlich beeilte sich der Kongress durch ein »Gesetz« seine Zustimmung zur Revolution vom 22. Juni zu ertheilen und Herrn Ezeta am 12. September definitiv zum gesetzmässigen provisorischen Präsidenten von Salvador zu ernennen. Die Wahlen für einen ordentlichen Präsidenten sind für den Dezember d. J. ausgeschrieben. Natürlich wird der Gesellschaftsretter vom 22. Juni erwählt werden. Er wird dieses Ereigniss den Regenten aller Staaten der Welt officiell anzeigen und wird sich auch unser mächtiger und edler Kaiser von Herrn Carlos Ezeta die übliche Anrede gefallen lassen müssen:

»Grande y buen amigo!«.

Sitzungsberichte,*)

zusammengestellt von H. Michow.

141. Sitzung. 3. Januar 1889.

Vorsitzender: Herr Senator Adolph Hertz.

Zur Aufnahme werden 2 Herren angemeldet.

Auf Veranlassung des kürzlich in Hamburg gegründeten »Deutschen Nordlands-Vereines« theilt der Vorsitzende mit, dass Dr. Yngvar Nielsen, Dozent an der Universität Christiania und vorzüglicher Kenner Norwegens, einer Aufforderung jenes Vereines folgend, am 14. Januar hierselbst einen Vortrag über »Reisewege und Reiseziele in Norwegen« halten wird, und die Mitglieder der Geogr. Gesellschaft zum Besuche dieses Vortrages eingeladen sind.

Der Vorsitzende gedenkt des am 6. Dezember 1888 verstorbenen Präsidenden der Ungarischen Geogr. Gesellschaft in Budapest, Dr. J. von Hunfalvy, und giebt seiner Freude Ausdruck darüber, dass über den schon verloren geglaubten Stanley günstige Nachrichten eingelaufen seien, während das Schicksal des von jenem aufgesuchten Emin Pascha noch ganz ungewiss sei.

Der Sekretär Herr Friederichsen trägt aus einem Reiseberichte des Hamburger Dr. Stuhlmann, der zum Zweck zoologischer Forschungen sich in Ostafrika befindet, Einiges von allgemeinerem Interesse vor. Vor Allem wird darin die Bedeutung der Fischer'schen Schrift »Mehr Licht im dunkeln Welttheil« für die Klarstellung der ostafrikanischen Verhältnisse betont und im Anschluss daran vom Redner bedauert, dass in den politischen Tagesblättern die Fischer'schen Expeditionen aus Parteiinteressen unterschätzt und die thatsächlichen Leistungen derselben geradezu entstellt und gefälscht seien.

Derselbe legt eine in den Proceedings of the Royal Geographical Society in London veröffentlichte Originalkarte des Nigerdeltas vor. Diese nach den Angaben des britischen Vicekonsuls für die Oelflüsse, H. H. Johnston, angefertigte Karte verschiebe willkürlich und zwar zu Ungunsten des deutschen Besitzes die zwischen deutschem und britischem Schutzgebiet vertragsmässig festgesetzte Grenze, weil sich herausgestellt, dass der Cross-River einen andern Lauf nehme, als bei Abschluss des Vertrages angenommen sei.

Alsdann hält Herr Prof. Dr. O. Krümmel aus Kiel den angekündigten Vortrag »Ueber die Umformung der Küsten durch die Meeresströmungen«. Redner bemerkt einleitend, dass Columbus die Antillen als durch Meeresströmungen vom Festlande losgerissen erklärt habe, während nach jetziger Ansicht grosse Senkungsprozesse bei der Entstehung der Antillen als mitwirkend zu denken seien. Die Meeresströmungen könnten nur kleinere Umformungen der Küste herbeiführen. Redner unterscheidet Küstenströme, Strassenströme und Gezeitenströme. Die erstgenannten würden vornehmlich durch Winde veranlasst, die sich an den Küsten entlang bewegen und durch den Wellenschlag, den sie verursachen, die Küstengestaltung beeinflussen. So seien die Nehrungen an der Ostseeküste entstanden. Redner bespricht

*) Anschliessend an die in den Mittheilungen 1887—88 gegebenen Berichte.

ähnliche Bildungen an der französischen Mittelmeerküste, an dem Nordende der Adria, am Gestade Griechenlands und der Nordküste Afrikas, sowie an der NO-Küste Südamerikas zwischen Orinoko und Amazonenstrom. Bedeutender seien die Wirkungen der Strassenströme, die meist eine grosse Geschwindigkeit zeigten, so zwischen Schwarzem Meer und Mittelmeer, wo Bosporus und Hellespont seit dem Alterthum durch die Strömungen bedeutend erweitert resp. vertieft seien. Im Allgemeinen würden die Meeresstrassen durch die heftigen Strömungen offen gehalten und seien dem Verkehr nur förderlich. Am stärksten würden die Küsten durch Gezeitenströme beeinflusst, was vornehmlich an den britischen Küsten ersichtlich sei, deren tiefe Förden wohl der heftigen Strömung des anspülenden Wassers ihre Entstehung verdankten. Die Losreissung der Kanal-Inseln, die Küstenbildungen in der Bretagne, sowie an der Küste Neuschottlands und der Fundy-Bai in Nord-Amerika sei'en ähnlich zu erklären. Die Gezeitenströme beeinflussten auch das Fahrwasser in den Strommündungen, indem jede Strömung, in Luft und Wasser, auf der Nordhemisphäre nach rechts abgelenkt werde, wie Redner u. a. an den deutschen Nordseeflüssen nachweist. — Redner veranschaulichte durch Zeichnungen seinen Vortrag.

142. Sitzung. 7. Februar 1889.

Vorsitzender: Herr Senator Adolph Hertz.

Zur Aufnahme wird 1 Herr angemeldet.

Prof. Dr. Henry Lange in Berlin hat zur Vertheilung in der Gesellschaft eine Anzahl Exemplare eines Aufsatzes eingeschickt, worin er ein in der deutschen Kolonie Blumenau in Brasilien gebildetes Aktien-Unternehmen lebhaft befürwortet, das den Zweck hat, von Blumenau aus eine Strasse über das innere Hochland nach Curitybanos zu bauen, deren Fertigstellung als eine Lebensfrage für Blumenau und dessen Hafenstadt Itajahy bezeichnet wird. Begleitet ist der Aufsatz von einer Kartenskizze, die den Verlauf der ca. 200 km lang projektirten Serrastrasse zur Darstellung bringt. Zweck des Aufsatzes ist, für jenes Unternehmen in weiteren Kreisen Interesse zu erwecken.

Der Sekretär Herr Friederichsen legt die Kassa-Bilanz fürs Jahr 1888 vor (s. Mitth. d. Geogr. Gesellschaft in Hamburg 1887—88 S. 323).

Dann spricht Herr Dr. C. Schrader von hier über »Das deutsche Schutzgebiet in der Südsee auf Grund zweijähriger Forschungen daselbst«. Der von Deutschland in Besitz genommene Theil Neu-Guineas, den Redner in den Jahren 1886—88 bereist hat, ist zum grösseren Theil ein wildes und zerklüftetes Hochland mit wenig anbaufähigem Boden. Daneben giebt es aber auch Tiefebenen mit wasserreichen Strömen, von denen der bedeutendste der Kaiserin Augusta-Fluss ist. Derselbe ist 300 km weit für grosse Dampfer fahrbar. Auch die Küste ist leicht zugänglich. Das Land wird aber viel von Erdbeben heimgesucht, und verschiedene Vulkane sind in Thätigkeit. Das Klima ist tropisch-ozeanisch. Die mittlere Jahrestemperatur beträgt 27° C mit nur 4° Abweichung drüber oder drunter als extremsten Tagestemperaturen. Der Barometerstand ist sehr regelmässig; Schwankungen von 1 mm lassen schon auf bedeutende atmosphärische Störungen schliessen.

Die Insel liegt im Gebiet des NW-Monsuns, während unsers Winters herrscht der SO-Passat, während unseres Sommers NW-Wind. Schon an der Küste beträgt die Regenmenge das Fünffache von der an den norddeutschen Küsten. Nur wenige Küstenplätze, wie Finschhafen und Konstantinshafen, liegen zeitweilig im Regenschatten und haben dann längere Zeit Trockenheit. Gewitter sind sehr häufig, die Blitze sehr viel zahlreicher als bei uns, aber weniger gefährlich. Wegen des grossen Feuchtigkeitsgehaltes ist eine Lufttemperatur von über 30° C dem Europäer sehr lästig und drückend. Die Flora der Insel ist sehr üppig; das Gebirge ist mit Urwald bestanden; darin herrschen Laubholzbäume bis 45 m Höhe, deren Laubdach keinen Sonnenstrahl durchlässt; darunter finden sich dichte Bambusbestände und Schlingpflanzen. An den Flussufern wachsen Sumpfgewächse, wozu die Sagopalme gehört, und weiter ab von den Flüssen sind weite Ebenen mit 10 m hohem wildem Zuckerrohr bedeckt. Von wildwachsenden Pflanzen werden die Kokospalme, die Sagopalme und das Zuckerrohr verwerthet; angebaut werden die Yamswurzel, deren Knollen, bis 15 kg schwer, Stärkemehl liefern; ferner Tabak und die Arekapalme, deren Früchte, die Betelnüsse, allgemein gekaut werden. Die Fauna ist australisch, fast die einzigen Säugethiere sind Beutelthiere; sonst giebt es Wildschweine und eine Art Hund, der gegessen wird und ebensowenig bellt wie der australische Dingo. Junge Hunde und Schweine werden von den eingeborenen Frauen auf dem Arm getragen und gesäugt. Fremden wird beim Eintritt in ein Dorf wohl ein geschlachteter Hund als Geschenk dargebracht und dafür ein Gegengeschenk erwartet. Reicher ist die Vogelwelt; Tauben giebt es in zahllosen Arten von der Grösse eines Sperlings bis zu der einer Gans; ebenso Papageien und Kakadus; von Paradiesvögeln etwa 15 Arten; im Gebirge giebts den Kasuar, dem sehr nachgestellt wird, weil fast alle Theile seines Körpers benutzt werden: das Fell als Kopfputz, die Federkiele der Flügel als Haarkamm oder zusammengebogen als Ohrring, das Fleisch als Nahrung, die Knochen zu Griffen und Verzierungen an Waffen und anderen Geräthen. Fische giebt es in unermesslichen Schaaren und vielen Arten, mit phantastischen Formen und glänzenden Farben, besonders viel auf den Korallenbänken Die Eingeborenen sind gewandte Fischer und haben manche sinnreiche Fangmethode ausgedacht; man kennt Fischreusen und Angelhaken, man fängt mit Harpunen oder sperrt mit Gitterwerk zur Fluthzeit Wasserflächen ab, um zur Ebbezeit die rückbleibenden Fische aufzulesen. Als Raubthiere sind Krokodile zu nennen, die aber dem Menschen nicht gefährlich werden. Eine Plage für die Europäer sind die Ameisen und Termiten. Staatliche Organisationen grösserer Art giebt es nicht, jedes Dorf ist selbständig; nur wenige Dörfer führen dieselbe Sprache, so dass die meisten Einwohner mehrere Sprachen verstehen. Die Häuseranlagen verrathen Schönheitsgefühl, und Sauberkeit herrscht überall. Die Häuser sind auf Pfählen errichtet, die oft im Wasser stehen, oder oben in den Bäumen angelegt. Die Giebeldächer sind oft mit Thürmen verziert. Ein Haus beherbergt meist, aber nicht immer, nur eine Familie. Die Bedachung besteht aus Schindeln von gespaltenen Palmblättern, bei den Europäern aus Wellblech, womit das Regenwasser aufgefangen wird. Vom Familienleben ist wenig bekannt, meist herrscht Monogamie. Der Mann geht auf die Jagd und den Fischfang, baut das Haus und das Kanu und legt die Pflanzung an, die Frau macht die übrige Feldarbeit. Jedes Jahr wird eine neue Pflanzung angelegt und die alte verlassen. Als Waffen dienen Bogen und Pfeil, Schleuder und Wurfknittel, Lanze und Speer. Die Kleidung ist primitiv; aber ganz nackt geht man sehr selten; Frauen tragen meist einen Gürtel, dazu viel Schmucksachen aus Perlen, Muscheln, Schweinszähnen. Die Kaurimuscheln, auf Schnüre gezogen, dienen auch als Geld. Tanz und Gesang sind sehr beliebt, es tanzen aber nur die Männer, während die Frauen zuschauen. Musikinstrumente sind Trommeln und Flöten.

Die Neu-Guinea-Kompagnie hat bisher nur am Ufer Niederlassungen gegründet; ausser den grösseren in Finschhafen, Konstantinshafen und Hatzfeldshafen giebt es noch einige kleinere. Ueberall aber ist es nöthig, die Eingeborenen zur Arbeit heranzuziehen und zu gewöhnen, da der Europäer körperliche Arbeit zu leisten hier nicht im Stande ist. Redner glaubt und hofft, dass die Kolonisationsarbeit, wenn auch anfangs mit Schwierigkeiten verknüpft und wenig ergiebig, unsern Nachkommen reiche Früchte liefern wird.

143. Sitzung. 7. März 1889.

Vorsitzender: Herr Senator Adolph Hertz.

Zur Aufnahme wird 1 Herr angemeldet.

Es findet die Neuwahl des Vorstandes und des Beirathes für die nächsten beiden Jahre statt; gewählt werden: Herr Senator Adolph Hertz als Präsident, ferner als Mitglieder des Vorstandes die Herren L. Friederichsen, Emil Güssefeld, Prof. Dr. Hoche, Kapt. C. Koldewey, Senator H. Roscher und W. Westendarp; als Mitglieder des Beirathes die Herren Dr. C. Gottsche jr., F. J. H. Hansing, Konsul F. Hernsheim, Gymnasialdirektor Hess-Altona, Dr. O. Matsen, Dr. H. Michow, Dr. med. W. Oehrens, Direktor Dr. F. Wibel, J. Witt und Otto E. Westphal. — Auf Vorschlag des Vorsitzenden dankt die Versammlung den auf eigenen Wunsch aus dem Vorstande geschiedenen Herren Generalarzt Dr. Cammerer, Direktor Dr. Friedlaender, Geh. Rath Dr. Neumayer, Direktor Rümker und A. Woermann für ihr langjähriges im Interesse der Gesellschaft bethätigtes Wirken durch Erheben von den Sitzen.

Der Sekretär Herr Friederichsen berichtet darauf an der Hand der ihm von Herrn Hugo Zöller eingesandten Originalkarten über dessen jüngst auf Neu-Guinea und den Salomons-Inseln ausgeführte Reisen. — Derselbe lenkt ferner die Aufmerksamkeit der Versammlung auf eine im Saale aufgehängte, vom Forstmeister von Binzer auf Grundlage eingehender Forschungen hergestellte Karte, welche die Deichbrüche und Strömungen im Ueberschwemmungsgebiete der Elbe im Frühjahr 1888 darstellt und, von ausführlichem Text begleitet, im nächsten Heft der Mittheilungen erscheinen werde.

Darauf hält der aus Bremen als Gast anwesende Ministerresident z. D. Herr Dr. H. Schumacher den angekündigten Vortrag über »die Doradofahrten von Pizarro bis Raleigh«. (Siehe Mittheilungen d. Geogr. Gesellschaft in Hamburg 1889—90, Seite 11—30 »El Dorado«).

144. Sitzung. 4. April 1889.

Vorsitzender: Herr Senator Adolph Hertz.

Zur Aufnahme werden 5 Herren angemeldet.

Vom Ortskomitee des 8. Deutschen Geographentages zu Berlin ist eine Einladung zur Theilnahme eingegangen, welche der Vorsitzende zugleich mit dem Programm der Tagung, die vom 24. bis 26. April statthaben wird, der Versammlung vorlegt.

Alsdann hält Herr Prof. Dr. G. Wendt von hier seinen angekündigten Vortrag: »Auf den Normännischen Inseln«. (Siehe Mittheilungen der Geogr. Gesellschaft in Hamburg 1889—90, Seite 31—56).

145. Sitzung. 2. Mai 1889.

Vorsitzender: Herr Senator Adolph Hertz.

Zur Aufnahme wird 1 Herr angemeldet.

Der Vorsitzende legt das detaillirte Programm des Internationalen Geographischen Kongresses, sowie eine Einladung zur Betheiligung an einem Internationalen Zoologischen Kongresse, welche beide bei Gelegenheit der Weltausstellung in Paris geplant sind, der Versammlung vor.

Der Sekretär Herr Friederichsen berichtet über den im April in Berlin abgehaltenen 8. Deutschen Geographentag.

Alsdann hält Herr Wilh. Precht von hier den angekündigten Vortrag über »Null-Meridian und Normalzeit«. Redner führt etwa Folgendes aus: Für die Zählung der Längengrade existire nicht ein natürlicher Anfangskreis wie für die Breitengrade der Aequator. Daher die grosse Zahl von mehr als 80 Anfangs- oder Null-Meridianen, die allmählich in Gebrauch oder Vorschlag gekommen seien. In letztem Jahrzehnt habe man sich bemüht, hierin eine Uebereinstimmung herbeizuführen, woran Wissenschaft wie Weltverkehr gleichmässig interessirt seien. Geschichtlich lasse sich die Zählung der Längengrade folgendermassen zusammenfassen: Schon bei der ersten Beobachtung des Sonnenlaufes habe man durch Halbirung des Tagbogens der Sonne und durch Verbindung dieses Theilpunktes mit dem Zenith und dem unveränderlichen Himmelspol den Meridian des Beobachtungsortes geschaffen. Sobald die Kugelgestalt der Erde ausser Zweifel stand, habe man auch das Wesen des Meridianes, als der Verbindungslinie aller der Punkte, die zu gleicher Zeit Mittag haben, erkennen müssen, sowie, dass der Zeitunterschied zweier unter verschiedenen Meridianen gelegenen Punkte sich nach der zwischen den Meridianen gemessenen Bogenlänge eines Breitenkreises bestimmen lasse, indem auf den 360. Theil des Kreises der 360. Theil des vollen Tages, also 4 Minuten Zeitunterschied entfielen. Die Erweiterung des Verkehrs auf der Erde, die Erkenntniss ihrer Gestalt und Grösse und die Versuche, die bekannten Länder auf ebenen Flächen darzustellen, erforderten eine sichere Methode der Orientirung auf der Erdoberfläche. Schon die Griechen überspannten in Gedanken den Himmel mit einem Netz von Graden, und der grösste Astronom des Alterthums, Hipparch, übertrug dieses Gradnetz vom Himmel auf die Erde, und zog ausser den von Pol zu Pol laufenden Meridianen auch die Parallelkreise und schlug die Bestimmung der Orte auf der Erde nach Länge und Breite vor, wie sie heute noch üblich ist. Indem man für die Zählung der Breitengrade den Aequator als Ausgangslinie nahm, wählte man für die Zählung der Längengrade in verschiedenen Ländern verschiedene Nullmeridiane; so in Spanien, in Portugal und bei den Arabern. Diese Zersplitterung in der Rechnung hatte weitere Zersplitterung, auch in ein und demselben Lande, zur Folge; so zählte man in Spanien nach 8 verschiedenen Meridianen, u. a. nach Madrid, Cadiz, Trinidad. Meist hatte jeder Meridian seine eigene Tageszeit, in einigen Ländern wurde im Lauf der Zeit ein mittlerer Meridian mit einer allgemein gebräuchlichen Nationalzeit eingeführt. Im Jahre 1883 wurde das System der Regionalzeiten für die Vereinigten Staaten Amerikas und für Canada maassgebend, wonach beide Länder in Streifen von 15 Breitengraden mit je einem Zeitunterschied von einer Stunde getheilt wurden. Diese Rechnung nach Stundenmeridianen hat man für die ganze Erde in Vorschlag gebracht. Von anderer Seite ist eine allgemeine Weltzeit vorgeschlagen, so dass alle Uhren auf Erden genau dieselbe Zeit zeigen sollten und zwar entweder, wie in Rom angenommen wurde, die Greenwicher Zeit, aber von Mittag bis Mittag geregelt, wie es bei der Astronomie geschieht, oder, wie in Washington angenommen wurde, die bürgerliche Zeit von Greenwich, von Mitternacht bis Mitternacht gerechnet. Diese Weltzeit soll zunächst nur für den innern Gebrauch im Eisenbahn- und Telegraphendienst in Gebrauch kommen; ob dies für den bürgerlichen Verkehr je möglich, ist zweifelhaft. Redner schliesst mit dem Wunsche, dass die einer einheitlichen Regelung sich entgegenstellenden Schwierigkeiten gehoben werden möchten, damit der gesammten civilisirten Menschheit der Vortheil der geplanten Einheitlichkeit zu Gute kommen könne.

146. Sitzung. 6. Juni 1889.

Vorsitzender: Herr Senator Adolph Hertz.

Der Vorsitzende eröffnet die Sitzung mit einem herzlichen Dank an die gesetzgebenden Körperschaften des Hamburger Staates, welche, auf ein Gesuch des Vorstandes, der Geographischen Gesellschaft zur Förderung ihrer gemeinnützigen und wissenschaftlichen Zwecke einen jährlichen Staatszuschuss von ℳ. 5000 für die nächsten 5 Jahre bewilligt haben. — Für ein dem grossen Physiker Georg Simon Ohm zu errichtendes Denkmal hat sich infolge eines von deutschen Gelehrten erlassenen Aufrufes auch im Hamburger Naturwissenschaftlichen Verein ein Komitee gebildet, und ersucht dasselbe die Gesellschaft um einen Beitrag zu jenem Zwecke. Der Vorstand hat einen Zuschuss Seitens der Gesellschaftskasse als eine statutenmässig nicht zulässige Verwendung ansehen zu müssen geglaubt, lässt aber durch den Vorsitzenden den Mitgliedern der Gesellschaft eine Betheiligung an den Beiträgen anempfehlen.

Alsdann hält Herr Ernesto Hahn von hier den angekündigten Vortrag „über eine jüngst ausgeführte Reise in die Sierra Madre von Mexico“. — Redner war von New-York 3 Tage und 3 Nächte unterwegs, bis er am 11. November 1888 in Paso del Norte die mexicanische Grenze erreichte. Auf einer Holzbrücke wurde der Rio grande überschritten und die erste Station bei einem Deutschen genommen, der seit 40 Jahren in

Mexico als Arzt ansässig hier ausgedehnte Weinberganlagen pflegt und vortreffliche Weine gewinnt. Die neue Zentral-Eisenbahn führte die Reisenden nach Chiwawa, Hauptstadt der gleichnamigen Provinz, wo grosse Erzschmelzen und Maschinenfabriken sich finden. Die kaufmännischen Geschäfte sind meist in Händen von Deutschen. Von hier aus wurde mit 15 Maulthieren und zahlreichen Führern nach W ins Gebirge aufgebrochen, wo man in Stationen, die von einer Minengesellschaft angelegt sind, Unterkunft fand. Der Aufstieg war beschwerlich, die Nächte kalt, die Tage heiss, dabei gab's oben viel Regen. In der Minenstadt Batoplas, schon auf dem Westabhang des Gebirges gelegen, wurde Halt gemacht und die Reisenden von dem Leiter der in amerikanischem Besitz befindlichen Silberminen gastfrei aufgenommen. Von hier aus bestiegen sie den Serro Colorado, und nachdem Proben goldhaltigen Gesteines gefunden waren, wurden Schmelzöfen aufgestellt und Gesteinsproben von den verschiedensten Stellen untersucht. Das Edelmetall ist sehr ungleich vertheilt. In zahlreichen Silberminen wird gediegenes Silber gefunden, auch Kupfererze werden gefördert. — Weiter wandten sie sich der pacifischen Küste zu, auf sehr gangbarem Boden, aber durch menschenleere Einöden, bis sie im Städtchen Choix freundliche Aufnahme in einem Privathause fanden. Von hier gings über El Fuerte nach Alamos und von hier durch das Gebiet der Mayos-Indianer zu einer Station der Sonora-Bahn, auf der die Reisenden die South-Pacific-Bahn wieder erreichten, die sie nach San Francisco führte.

Daran schloss sich ein Vortrag des Herrn Otto E. Ehlers „über seine Erlebnisse in Ostafrika und seine Besteigung des Kilimandscharo." — Von Sansibar aus ging Redner auf Kosten und Veranlassung der Ostafrikanischen Gesellschaft nach Moschi, einer Station der Gesellschaft am Fusse des Kilimandscharo. Sowohl die Beschaffung der nöthigen Träger, wie auch vielfache thatkräftige Unterstützung auf der Reise verdankte er den englischen Behörden und Missionen. Mit 80 Trägern wurde am 17. September 1888 von Mombas ins Innere aufgebrochen. Die Träger waren theils mit Vorderladern, theils mit Speer und Bogen bewaffnet; sie trugen ausserdem Tauschwaaren, als Draht, Zeug, Perlen u. a. In Taweta erschien zuerst der Kilimandscharo. Auf dem Wege dahin war der Reichthum an Wild auffallend, als Zebras, Büffel, Gnus, Giraffen, Strausse, Hyänen, vereinzelt Elefanten. In Taweta begegnete man der Expedition des Grafen Teleki, die von N kam und grosse Massen Elfenbein mit sich führte. Nach einigen Tagen guter Pflege gings weiter nach W, wo die Expedition statt der gefürchteten Massai bald Leute des befreundeten Sultans Mandara antraf. Letzterer residirt in Moschi, einem von den 17 kleinen Negerstaaten, die am Südfusse des Bergriesen liegen. Der Sultan wurde durch Geschenke in beste Stimmung versetzt und schickte am 27. Januar, dem Geburtstage des deutschen Kaisers, nach der Station, wo die Expedition Quartier bezogen hatte, 200 seiner Krieger, die durch Aufführung von Kriegstänzen die Feier des Tages erhöhen mussten. — Die Wadschagga — Stammesname dieser Negervölker — gehören zu den Bantu-Negern. Sie wohnen in bienenkorbähnlichen Hütten, mit Schilfgras bedeckt, und theilen die Behausung mit ihren Hausthieren, Ziegen und Schaafen. Waffen, Haus- und Ackergeräthe sind sorgfältig und geschmackvoll gearbeitet. Neben den Hütten stehen Vorrathshäuser auf hohen Pfählen; eine Hecke aus Drachenbäumen umschliesst das Ganze. Zum Kriege bewaffnen sie sich mit Schild und Speer und schmücken das Haupt mit einer Krone aus Adlerfedern oder einer Perrücke aus Affenfell, den Leib mit einer Schürze aus Affenfell, an der sie ein eisernes Schwert tragen, und die Beine an Knieen und Knöcheln mit klingenden Glöckchen. In dem stark erweiterten rechten Ohrläppchen tragen sie Pfeifen und Trinkgefässe. Sonst tragen sie nur ein dreieckiges Stück Ziegenfell auf dem Rücken. Die Frauen und Mädchen tragen nur mehrere fingerdicke Perlschnüre um Hals und Lenden mit einem Zeuglappen in der Grösse eines Kartenblattes. Das Haar wird kurzgeschoren; an Hand- und Fussgelenken schmücken sie sich mit Ringen. Es herrscht Vielweiberei, aber jede Frau führt ihren eignen Hausstand. Die Männer heirathen nicht unter 20 Jahren; die Frau wird von dem Vater erkauft und dann durch Freunde des Mannes gewaltsam aus ihrem väterlichen Hause entführt. Zwei Wochen lang wird zur Hochzeitsfeier Tembo, d. i. ein aus Hirse bereitetes, berauschendes Getränk, genossen und getanzt. Bei Todesfall wird der Leichnam, dessen Ohren mit Gras verstopft werden, in einem in der Hütte 1 m tief gegrabenen Loche verscharrt. Nach einem Jahre wird das Loch geöffnet und die Gebeine zerstreut, nur der Schädel in einem heiligen Heine auf einen Zweig gesteckt, und zwar so, dass die Gesichtsseite dem Kilimandscharo zugekehrt ist. Diesem Schädel wird in Krankheitsfällen geopfert und er um Heilung des Kranken angefleht. Kinder und gefallne Krieger werden nicht begraben, sondern nur unter Blätter verscharrt. Der Sultan Wandara ist intelligent und witzig und weiss sein Volk mit Klugheit zu regieren. Der Kilimandscharo ist nicht schwer zu besteigen, aber schwierig sind Träger zu beschaffen, die das nöthige Zelt durch den Schnee schaffen; auch sind 5 nebelfreie Tage dazu nöthig. Redner bestieg den Berg von der Nordseite in Begleitung des Dr. Abbott von der britischen Mission. In der Höhe des Montblanc wurden Zelte aufgeschlagen und die Nacht zugebracht; die Träger litten sehr unter dem Schnee. Der Morgen war wolkenlos bei 2° Kälte; um 9 Uhr brach man auf nach dem Kibo-Gipfel, aber ein Schneefall liess die Träger zusammenbrechen, und sie mussten zurückgeschickt werden. Redner blieb mit Dr. Abbot allein im Zelt; sie erreichten am 3. Tage eine Höhe von 17 200 Fuss, wo Dr. Abbot zurückblieb, während sein Begleiter weiterstieg und in einer Höhe von 19 300 Fuss plötzlich (?) am Rande eines alten Kraters stand, der etwa 2 km Durchmesser hatte. Das Innere desselben war ausgefüllt und mit Schnee bedeckt. Drohende Wolken geboten die eilige Rückkehr. Zur Höhe von 16 000 Fuss trafen die beiden Gefährten im Schnee auf frische Spuren von Elefanten, Antilopen und Büffeln. Im Februar erhielt Redner in Folge der weitern Ausdehnung des Aufstandes Befehl, zur Küste zurückzukehren, wo er mit Dr. Abbot und vielen Trägern glücklich eintraf. — Zahlreiche ethnographische Gegenstände aus dem Sultanat Moschi veranschaulichten den Vortrag.

147. Sitzung. 10. Oktober 1889.

Vorsitzender: Herr Senator Adolph Hertz.

Zur Aufnahme werden 8 Herren angemeldet.

Der Vorsitzende widmet dem jüngst verstorbenen Herrn Dr. O. Matsen ehrende Worte der Erinnerung. Derselbe ist viele Jahre Mitglied des

Beiraths der Gesellschaft gewesen und hat als Vorsteher der Commerzbibliothek vielfach Gelegenheit genommen, die wissenschaftlichen Bestrebungen der Gesellschaft litterarisch zu unterstützen. — An Stelle des Verstorbenen wird Herr Seminardirektor Mahraun in den Beirath gewählt. —

Der Vorsitzende beantragt im Auftrage des Vorstandes, zur Bewältigung der Sekretariatsgeschäfte die Anstellung einer besoldeten Hilfskraft, vorläufig auf ein Jahr, zu genehmigen und bringt für dieses Amt Herrn Dr. Michow in Vorschlag. Die Anstellung wird von der Gesellschaft genehmigt und dem Genannten auf Grund eines Seitens des Vorstandes mit demselben vereinbarten Kontraktes jenes Amt vorläufig auf ein Jahr übertragen.

Im Anschluss hieran beantragt der Vorsitzende im Namen des Vorstandes, die Gesellschaft möge den Vorstand ermächtigen, litterarische Beiträge, auch hiesiger Mitglieder, zu den Mittheilungen der Gesellschaft in üblicher Weise honoriren zu dürfen, ohne, wie bisher nöthig, im einzelnen Falle einen Beschluss der Gesellschaft herbeiführen zu müssen. Die Versammlung beschliesst demgemäss.

Der Sekretär Herr Friederichsen hebt von den vielen während der Ferien eingegangenen litterarischen Werken folgende namentlich hervor: als werthvolles Geschenk des Verfassers Fr. Jeppe, dessen Karte der Südafrikanischen Republik im Massstabe 1 : 1 000 000 (Map of the Transvaal or S. A. Republic by Fr. Jeppe, Pretoria 1889); ferner das letzte Heft der »Afrikanischen Gesellschaft in Deutschland«, welche soeben, weil von Seiten des Reichs ihr die bisherige Unterstützung entzogen ist, sich aufgelöst hat, aber in jenem letzten Hefte noch interessante Berichte und Karten des verstorbenen Reisenden E. R. Flegel bietet. — Zu dem von der Direktion der Deutschen Seewarte herausgegebenen »Handbuch für Führer von eisernen Schiffen« betitelt: »Der Kompass an Bord« bemerkt Herr Kapitän Koldewey, dass es eine der Hauptaufgaben der Seewarte sei, die Gesetze der Abweichung des Kompasses auf eisernen Schiffen zu studiren und ihre Beobachtungen für den Schiffsverkehr nutzbar zu machen. Die Herausgabe habe sich verzögert, weil in dem letzten Jahrzehnt sowohl in der Konstruktion der Kompasse viel geleistet sei, als auch in Folge vieler Neubauten in eisernen Schiffen manche neue Gesichtspunkte für das Studium der Abweichung gewonnen seien. In seinen 3 Abtheilungen gebe das Buch: 1, Allgemeines über den Magnetismus, mit Berücksichtigung der neuesten Forschungen, 2, die Theorie der Kompasskonstruktion, welche besonders in Deutschland so grosse Fortschritte aufzuweisen habe, dass die bei uns verfertigten Kompasse, besonders die Fluidkompasse, den besten auswärts verfertigten überlegen seien, 3, die Gesetze der Abweichung des Kompasses, wie sie die Erfahrung und Beobachtung auf den Kauffahrteischiffen lehre. Die dem Kompassbuche beigegebenen Karten beruhten ebenfalls auf einem reichen Material erd- und weltmagnetischer Beobachtungen, deren Sammlung das grosse Verdienst des Herrn Prof. Neumayer sei. Die Herausgeber geben sich der Hoffnung hin, dass die Benutzung des Buches der Sicherheit des Seeverkehrs förderlich sein werde.

Es folgt der Vortrag des Herrn Prof. C. Arendt vom Orientalischen Seminar in Berlin über »Peking und die Westlichen Berge. Stadt- und Landschaftsbilder aus dem Nördlichen China«. (Siehe Mittheilungen der Geogr. Gesellschaft in Hamburg 1889—90, Seite 57—96.)

148. Sitzung. 7. November 1889.

Vorsitzender: Herr Senator Adolph Hertz.

Zur Aufnahme werden 7 Herren angemeldet.

Der Sekretär Herr Friederichsen erhält zunächst das Wort. Derselbe nimmt Bezug auf die aus Zentral-Afrika in letzter Woche eingelaufenen und durch die Tagesblätter hinreichend bekannt gewordenen, zum Theil erschütternden Nachrichten über den Untergang der Peters'schen Emin-Pascha-Expedition, wie über die durch das siegreiche Vordringen der Mahdisten nothwendig gewordene Rückkehr Emin Pascha's und Stanley's nach der Küste. Redner hält es für angezeigt, die Ereignisse zu rekapituliren, welche dieser Katastrophe vorangegangen sind, und welche Anstrengungen von Europa aus gemacht sind, um derselben vorzubeugen. Redner geht zurück bis zum Auftreten Emin's in Aegypten und seiner Einsetzung als Gouverneur der egyptischen Aequatorialprovinz in Lado am Nil. Hier traf ihn Dr. Junker 1883, in Folge des Mahdisten-Aufstandes bereits ganz vom Auslande abgeschnitten; beide mussten vor den Mahdisten nach Süden weichen, und Wadelai unweit des Albert-Sees blieb seitdem Emin's Residenz. Die Unzufriedenheit seiner Leute und ihr Missmuth nahmen allmählich zu, und als in 1886 Dr. Junker von Emin schied, war des Letzteren Lage schon sehr misslich. Dies erhellt aus einem sehr interessanten Briefe Dr. Junker's, den Redner theilweise verlas. Bekanntlich war eine Expedition zunächst zur Befreiung Dr. Junker's unter Führung des Dr. Fischer mit Unterstützung der hiesigen Geographischen Gesellschaft ausgesandt worden. Dr. Junker hatte davon erfahren, und als er selber sich noch in Buganda am Victoriasee aufhielt, um Stoffe für Emin zu beschaffen, schrieb er ebendaselbst jenen Brief am 10. Juli 1886 in der britischen Missionsstation und schickte denselben dem Dr. Fischer durch einen Boten entgegen; darin sprach er die Sehnsucht nach dem Kommen Dr. Fischers aus, besonders im Interesse Emin's, denn dessen Erscheinen werde allein im Stande sein, bei den Leuten Emin's den Muth und die Zuversicht neu zu beleben. Es ist bekannt, dass Fischer's Expedition fehlschlug und Dr. Junker bald darauf allein heimkehrte. — Redner berichtet dann über die verschiedenen Versuche, welche gemacht wurden, um Emin Pascha thatkräftige Hilfe zukommen zu lassen, vor Allem die Gründung des »Emin-Relief-Committee« in England und die durch dasselbe erfolgte Aussendung Stanley's, der den Weg zu Emin glücklich fand, ferner über die Unterhandlungen des Königs der Belgier mit Wissmann zu gleichem Zweck; über die Gründung eines deutschen Emin-Pascha-Komitees in Wiesbaden im September 1888, sowie eines Zweig-Komitees in Hamburg, welch letzteres seine Betheiligung an einem Aufruf zu Gunsten einer Emin-Pascha-Expedition glaubte ablehnen zu müssen, weil einestheils die ganze Einleitung des Unternehmens unpraktisch schien, anderntheils damals gerade der Aufstand der Araber an der Ostküste Afrikas seinen Anfang nahm. — Redner spricht auf Grund der hier und in Berlin eingetroffenen Depeschen die Ueberzeugung aus, dass Emin Pascha sich im Gefolge Stanley's befinde. Im Uebrigen ist er der Ansicht, dass durch das Vordringen der Mahdisten nach Süden die von allen Seiten unternommene Kultivirung Zentral-Afrikas sehr in Frage gestellt sei, da die wenigen heidnischen Staaten, welche im Nilseengebiet jetzt noch zwischen den Mahdisten im Norden und den Arabern im Süden eine Scheidewand bilden, kaum ein nachhaltiges Hinderniss der Vereinigung jener beiden mohammedanischen Faktoren bilden würden.

Alsdann erhält das Wort Herr Dr. Paul Ehrenreich aus Berlin zu dem angekündigten Vortrage: »Quer durch Brasilien«. Redner hatte an der zweiten Expedition Dr. v. d. Steinen's nach dem Oberlauf des Schingu in 1887 bis 1888 Theil genommen und will nun von einer eigenen Expedition berichten, die er im Anschluss an jene Schingu-Expedition selbständig von Cujabá aus über Goyáz zum Araguaya und diesen hinab zum Tokantins bis nach Pará unternommen hat. Redner führt Folgendes aus:

Der einzige grosse geographische Erfolg, den die Wissenschaft in diesem Jahrhundert in Brasilien davontrug, war die erste Befahrung des Schingu auf der ersten Expedition Dr. v. d. Steinen's in 1884. Besonders wurde auch die Ethnologie durch dieselbe gefördert, indem man Völkerstämme entdeckte, die noch im Steinzeitalter lebend, weder von der Existenz des weissen Mannes, noch von dessen Hausthieren oder Kulturpflanzen etwas ahnten. Es ergaben sich neue Gesichtspunkte für die gegenseitigen Beziehungen der Indianerstämme Südamerikas, und was die erste Schingu-Expedition schon gelehrt hatte, wurde durch die zweite nur bestätigt, dass im Innersten Brasiliens am oberen Schingu grosse Karibenvölker leben, die als die Stammvölker der bekannten Kariben Guayanas anzusehen sind. Die weite räumliche Lücke zwischen diesen beiden Völkern gleichen Stammes zu durchforschen und vielleicht eine ethnologische Verbindung beider herzustellen, war meine Aufgabe. Am 17. Mai 1888 brach ich von Cujabá auf nach Goyáz, begleitet von einem brasilianischen Soldaten und zwei Deutschbrasilianern, die schon bisher unsere Gefährten gewesen waren. Wir erstiegen bald den Westrand der grossen, 700 Meter ansteigenden brasilianischen Hochebene, die, wie der uferlose Ozean, durch ihre Einförmigkeit imponirt, meist grasbewachsene Campos mit Galeriewäldern an den Flussläufen. Nur wenige Militärstationen finden sich als menschliche Wohnungen bis zum Araguaya. Der Weg führt durch endlose Wildnisse in einem grossen südlichen Bogen über Torres do Rio Bonito jenseits des Araguaya. Die verfallenen oder zur Gewinnung der Nägel von Indianern zerstörten Brücken erschweren das Fortkommen. Wir überschritten den 100 Meter breiten Araguaya, dessen Quellgebiet ganz unbekannt ist. Arm an Lebensmitteln ist die Gegend wie keine zweite Brasiliens; Futter für die Thiere ist nicht zu beschaffen. Zudem befiel unsere Thiere eine von Paraguay aus hierher verbreitete Seuche, die in der Lähmung der Extremitäten besteht und die Durchführung unseres Unternehmens plötzlich ganz in Frage stellte. Zum Glück genasen die meisten Thiere wieder. Nach Goyáz hin erhebt sich die Ebene terrassenförmig zur Wasserscheide zwischen Parana im Süden und Araguaya im Norden; Ansiedlungen werden häufiger. Am 10. Juli zogen wir in die Hauptstadt der innersten brasilianischen Provinz Goyáz ein, nachdem wir acht Tage früher den uns begleitenden Soldaten an einer Krankheit verloren hatten. Villa boa de Goyáz ist eine altberühmte Goldgräberstadt; sie besteht, wie alle brasilianischen Binnenstädte, aus einem grossen freien Platz, um den Kirche, Rathhaus und Gefängniss gruppirt sind, umgeben von schlecht nivellirten, nicht beleuchteten, hier ausnahmsweise gepflasterten Strassen und weissgetünchten einstöckigen Häusern mit Marienglasfenstern und dürftiger Ausstattung im Innern. Die Stadt hat gute Postverbindung mit Rio, zehn Mal im Monat kommt ein Postreiter von der nächsten Eisenbahnstation, die von Rio in drei Tagen per Bahn, von Goyáz in vierzehn Tagen zu Pferde erreicht wird. Europäische Artikel sind natürlich theuer, sehr billig aber Lebensmittel. Es giebt dort eine vortreffliche öffentliche Bibliothek und ein ebenso gut eingerichtetes Observatorium, vortrefflich redigirte Tagesblätter, überhaupt auffallend viele gebildete Leute, manche auch der deutschen Sprache vollkommen mächtig. Man hofft viel von der Zukunft, denn zwei amerikanische Kompagnien stehen mit der Regierung in Unterhandlung und bezwecken die Schiffbarmachung des Tokantins und des Araguaya bis nahe bei Goyáz und die Kolonisirung dieser mineralreichen Gegenden.

Am 31. Juli brachen wir auf nach N; am 6. August erreichten wir bei Leopoldina wieder den Araguaya, dem wir uns nun für viele Wochen anvertrauten. Er ist schon ein mächtiger Strom, der seit 1869 mit einem kleinen Dampfer befahren wird, den man damals auf Ochsenkarren 100 Meilen weit von Cujabá herschaffte. Dieser Dampfer schleppt besonders die von Pará kommenden, mit Salz, dem wichtigsten Importartikel, beladenen Böte flussaufwärts 1200 km bis Leopoldina, nachdem dieselben die Stromschnellen im Unterlauf des Tokantins und Araguaya glücklich passirt haben. Wir benutzten denselben Dampfer auf seiner Thalfahrt durch eine Anfangs einförmige Scenerie mit dichten Uferwaldungen und seltenen Durchblicken nach den hinterliegenden Campos. Auch das Thierleben ist nicht sehr reich, ab und zu ein Alligator auf den Sandbänken, ein Riesenstorch und kleine Sumpfvögel am Ufer, in den Lüften das Gekreisch des prächtigen blauen Aráras; nur im Flusse selber zahlreiche Fische und Süsswasserdelphine. Unter 13° S theilt sich der Strom und bildet eine flache, bis $8^1/_2$° S reichende Insel Bananal, die wir links umfahren. In dieser Region interessirte uns am meisten das noch unverfälschte Indianerleben. Hier leben in fliegenden Lagern am Ufer die Karajahis, Jagd und Fischfang treibend, weiter landeinwärts die von jenen gefürchteten Chavantes und Kayapos. Jene Karajahis verkehren zwar seit Jahrzehnten mit den Brasilianern, halten sich aber streng von ihnen geschieden in nationalen Gewohnheiten und sozialer Stellung. Daher sind sie bisher von ansteckenden Krankheiten verschont geblieben, mit Ausnahme der Tuberkulose; auch dem Alkohol huldigen sie nicht. Bewundernswerth sind ihre Moralität und ihr inniges Familienleben, und herzlich dankbar sind sie dem Kapitän jenes kleinen Dampfers, der mit feinem Taktgefühl sie richtig zu nehmen weiss und das gute Einvernehmen zwischen ihnen und den weissen Eingewanderten aufrecht zu erhalten bestrebt ist. Sie versorgen den Dampfer mit Holz und erhalten Messer, Beile und Glasperlen. Ihre Bekleidung besteht einzig in rothen Pulswärmern und Schnüren mit Quasten an den Kniegelenken. Oft kamen sie zu uns an Bord, oder wir übernachteten am Ufer und verbrachten die Nacht an ihrem Wachtfeuer. Bei Santa Maria unter $7^1/_2$° S wird die Dampferfahrt in der Trockenzeit durch einen Katarakt unterbrochen; wir wurden also auf einem Salzbote, einem Sechzehnruderer, weiter befördert.

Der Dienst der Rudermannschaft ist militärisch geregelt. weil die geringste Unachtsamkeit beim Passiren der Stromschnellen das Boot geführden würde. Auffallend ist hier und flussabwärts die bittere Armuth der civilisirten Ansiedler, nur von den Indianern sind Lebensmittel zu erhalten. Viele Stromschnellen sind hier zu passiren in engen Kanälen, in denen das Wasser mit heftigster Strömung die Steinbarrieren durchbricht. Wir besuchten die Karajas, die auch hier, wie jene Karajahis, mit den Kayapos in Feindschaft leben, uns aber gut aufnahmen und sogar Festlichkeiten für uns veranstalteten. Wir waren die ersten Weissen, die bei ihnen übernachteten. Im Unterschiede von jenen friedlich gesinnten Karajahis sind diese Karajas ganz unabhängig und kriegerisch, stets in voller Kriegsrüstung, mit Lanze und Keule, oder mit Bogen und Pfeil bewaffnet, abenteuerlich bemalt am ganzen Körper, mit herrlichem Federschmuck auf dem Kopfe. Sie leben in reinlichen, wohnlichen Hütten, die zu Strassen angeordnet sind. Lebensmittel im Ueberfluss schaffen sie herbei, wie Maniokwurzeln, Bananen, Bataten, Palmnüsse, Fische, Schildkröten und besonders Hühner, die sie selber nicht essen. Die Dörfer wimmeln von gezähmten Thieren aller Art: Straussen, Hühnern, Reihern, Affen, Hunden, Schweinen, Tapiren und Krokodilen, letztere festgebunden in Tümpeln. Die Weiber weben, spinnen, kochen und flechten; sie tragen eine grosse Bastschürze, ausserdem, wenn unverheirathet, rothe Manschetten und Kniebänder, in den Ohren Rohrstäbe; auf den Backen sind Alle ringförmig tätowirt, das nationale Abzeichen der Karajas. Die Zierde der Männer ist ein grosser Pflock in der Unterlippe und Federrosetten im Ohre. Glasperlen tragen Alle um den Hals gewunden. Körpermessungen und Photographien wurden hier, wie immer, reichlich von uns genommen und Vokabularien angelegt. — Nach einigen Tagen Fahrt kamen wir zu der Stromschnelle von S. Miguel, durch deren engen Schlund von 15 km Länge wir in 30 Minuten durchflogen; ähnliche Schnellen waren viele zu passiren, dazwischen auch die berühmte Insel der »Martyrios«. Hier sollten die Marterwerkzeuge Christi in einen Fels eingehauen sein, die den Goldsuchern des 17. und 18. Jahrhunderts den Weg gewiesen zu den Goldminen der Araës. Wie unsere Untersuchung zeigte, handelt es sich um einen herrlichen Zeichenfelsen mit den Emblemen der Karajas, sowie Thier- und Menschenbildern. — In der Cachoeira grande, dem »Grossen Katarakt«, liefen wir auf einen Felsen und retteten mit Noth das Leben und das Gepäck. An einer durchaus unfahrbaren Stelle musste das ganze Boot an Seilen zu einem Seitenarm des Flusses hinabgelassen werden. Allmählich erhält der Fluss einen ruhigeren Lauf, er wird breiter, die Ufer flacher, und am 8. Oktober erreichten wir die Einmündung des Tokantins, der von hier an seltsamer Weise dem Hauptfluss seinen eigenen Namen verleiht. Hier ist der Nordabfall des brasilianischen Tafellandes, die Campos schwinden, Urwald bedeckt das ganze Land, von Riesenpalmen überragt, von Lianen durchschlungen; von jenen liefert die stattlichste die bekannten Paranüsse. Aber noch einmal kam eine lange Reihe Katarakte uns in den Weg, von denen der gefährlichste der von Itaboca ist, an welchem die Passagiere stets über Land vorübergeschafft werden. Auch wir mussten mit unserm Gepäck über Land und unterhalb des Kataraktes andere Böte besteigen und auch in diesen noch neue Gefahren bestehen. Endlich am 13. Oktober langten wir in dem gastlichen Geschäftshaus von Praja grande an. Während wir hier den Para-Dampfer erwarteten, machten wir in der Umgegend ethnologische

Studien. Konstatirt wurde die Existenz mehrerer noch im Steinzeitalter hier lebender Tupi-Stämme, sowie eines Kariben-Stammes, der den Bakairis des oberen Schingu sehr nahe steht und das Bindeglied zu den Kariben bildet. — Die grossartigste Palmenlandschaft schliesst hier die Gewässer ein; zahlreiche Kautschukhändler haben in ihr ihre Sammelhäuser auf Pfählen errichtet. Endlich schwinden die Ufer ganz, und vier deutsche Meilen breit strömt der Tokantins dem Ozean zu. — Unzweifelhaft wird die Wasserstrasse des Araguaya sich einmal der Kultur öffnen, ob aber die beiden Kompagnien, von denen bei Goyáz die Rede war, dies zu Stande bringen werden, ist mehr als zweifelhaft, da die Schiffbarmachung der Flüsse unmöglich ist und das Kataraktengebiet nur mit einer Eisenbahn zu umgehen wäre. Viel früher werden aber die zentralen Theile bei Goyáz durch die Eisenbahn mit der Ostküste verbunden sein. Jedenfalls wäre mit der Eröffnung der nördlichen Wasserstrasse der eingeborenen Bevölkerung ein schneller Untergang bereitet.

149. Sitzung. 5. Dezember 1889.

Vorsitzender: Herr Senator Adolph Hertz.

Zur Aufnahme werden 6 Herren angemeldet.

Der Sekretär Herr Friederichsen erhält das Wort, um im Anschluss an die durch die Tagesblätter hinreichend bekannt gewordenen Vorgänge in Ostafrika eine Begrüssung der in Sansibar eingetroffenen Herren Stanley und Emin Pascha Seitens der Gesellschaft zu beantragen. Dieselbe möge in einem Telegramm bestehen, in welchem beiden Herren bei ihrer glücklichen Rückkehr aus ihrem schwierigen Arbeitsfelde der ehrerbietigste Gruss der Gesellschaft geboten werde. Nachdem noch der Vorsitzende den Antrag befürwortet, wird derselbe per Acclamation angenommen. — Herr Friederichsen legt sodann das eben erschienene letzte Heft der Mittheilungen der Gesellschaft (1887—88, Heft 3) vor und bemerkt dazu, dass die zu Dr. Stuhlmann's Reisebericht gehörige Karte nachgeliefert werden solle, weil Redner behufs Erlangung zuverlässigen Materials erst die auf astronomischen Aufnahmen beruhende Baumann'sche Karte des äquatorialen Ostafrika abgewartet habe und demnächst jene noch fehlende Karte fertig stellen werde. — Derselbe legt ein interessantes, der Gesellschaft von Seiten des Herrn Professor Davidson in Washington übersandtes Geschenk vor, nämlich ein photographisches Bild des westlichen gebirgigen Theiles der amerikanischen Union. Dasselbe ist von einem Relief genommen, welches jenen Theil der Union in der ganzen Ausdehnung von der Fuka-Strasse im Norden bis Los Angeles im Süden mit Einschluss der Unebenheiten des angrenzenden Meeres körperlich darstellt, und auch in dieser Nachbildung überraschend wirkt.

Der Vorsitzende begrüsst alsdann den aus Südafrika nach mehrjähriger Abwesenheit heimgekehrten Herrn Eduard Lippert von hier, welcher sich alsbald nach seiner Rückkehr bereit erklärt hat, über das in neuester Zeit so hoch interessant gewordene Transvaal-Gebiet aus eigener Anschauung der Gesellschaft einen eingehenden Bericht zu erstatten.

Herr Eduard Lippert bemerkt einleitend, er wolle nicht sowohl die politischen und geographischen, resp. geologischen Verhältnisse des

Landes, als vielmehr die geschäftlichen Verhältnisse erörtern, welche bereits jetzt dem Lande eine phänomenale Entwickelung verheissen, an der auch dem deutschen Handel ein reiches Feld der Bethätigung vorbehalten zu sein scheint. Die fiskalischen und bureaukratischen Neigungen der britischen Kapkolonie zwangen bekanntlich die holländischen Bauern in den vierziger Jahren dieses Jahrhunderts zur Auswanderung nach Norden, wo dieselben den Oranje-Freistaat, die Natal-Kolonie und später den Transvaal-Freistaat, jetzt offiziell die »Südafrikanische Republik« genannt, gründeten. In Natal mussten sie bald den Engländern weichen, und als in 1877 der Transvaal-Staat durch Kriege mit den Eingeborenen erschöpft war, annektirten die Engländer denselben unter dem Vorwande, dass ihre Kolonien wegen der Ohnmacht des Transvaal durch die benachbarten Eingeborenen bedroht seien. Die Engländer behielten das Land bis 1881, wurden dann aber durch einen Bauernaufstand wieder vertrieben, und im Londoner Protokoll von 1884 wurde die Unabhängigkeit des Landes anerkannt, mit der einzigen Einschränkung, dass etwaige Verträge des Landes mit auswärtigen Mächten der Zustimmung Englands bedürften und die Engländer selber die Rechte der meist begünstigten Nation erhielten. Der Träger dieser Politik, der Präsident Krüger, hat durch sein erfolgreiches Wirken für die Unabhängigkeit des Landes sich nicht nur den Ruhm eines patriotischen Staatsmannes, sondern auch eine verdiente Machtstellung im Lande erworben. Sein Land unabhängig zu machen von England und von dessen Kapital ist die Richtschnur seines Handelns, daher die Begünstigung solcher Einwanderer, die vom Kontinente Europas kommen, wie Holländer und Deutsche, bei Ertheilung von Konzessionen zu geschäftlichen Unternehmungen, dementsprechend auch die Eisenbahnpolitik des Präsidenten. — Der natürliche Hafen des Landes ist Lorenzo Marques an der Delagoa-Bai, dessen Verbindung mit Transvaal durch eine Eisenbahn der Präsident erstrebt hat. Die 45 engl. Meilen lange Strecke bis zur Grenze von Transvaal ist vollendet, die Fortsetzung der Bahn nach Pretoria ist von einem deutsch-holländischen Syndikat in Angriff genommen und bietet keine technischen Schwierigkeiten bis Johannisburg, dem Mittelpunkt des Goldminendistriktes, auf dem ca. 6000 engl. Fuss hohen Plateau, dem sogenannten „Hochfeld". Von der Fertigstellung dieser Bahn wird die Erschliessung des Landes erhofft, und dies Ziel zu erreichen, hatte der Präsident ebenso mit der Unwissenheit und den Vorurtheilen seiner Landsleute zu kämpfen, wie gegen das Andrängen der Minenbevölkerung, welche eine schneller herzustellende Verbindung mit der Küste verlangte; mit Schlauheit und List und diplomatischem Geschick hat er das Interesse seines Landes auch gegen die Vertreter der Kapkolonie erfolgreich vertheidigt. Ist das Zustandekommen dieser National-Eisenbahn erst gesichert, dann werden weitere Bahnen kreuz und quer das Land durchschneidend entstehen. Nach der Verfassung, aber nur auf dem Papiere, steht über dem Präsidenten ein Volksrath von ca. 40 Bauern, gewählt von solchen, die mindestens 10 Jahre lang als Ansiedler eingetragen sind; neuerdings besteht die Absicht, auch den Neu-Eingewanderten Einfluss bei der Wahl zum Volksrath zu gewähren. Der Charakter jener Bauern ist dem der norddeutschen zu vergleichen, doch findet man in den weniger abgelegenen Gebieten bei jenen mehr Intelligenz, im Uebrigen haben sie wie diese Abscheu vor Abgaben und Schreibereien, sind rechthaberisch und prozessüchtig, aber auch zuthunlich und gastfrei, aber nur den Engländern gegenüber zurückhaltend und abstossend; auch ist ihr Blut nicht rein holländisch, viel französisches, portugiesisches und deutsches Blut mit jenem gemischt; im Ganzen macht besonders die jüngere Generation einen recht günstigen Eindruck. Die Regierungsmethode ist der Entwickelung des Landes günstig gewesen. Man liess die Einwanderer gewähren, der Staatssäckel füllte sich, Leben und Eigenthum ist überall gesichert, Ruhe und Ordnung herrscht auf allen Goldfeldern; die feierliche Abendstille daselbst liess einen kalifornischen Goldgräber sich eher im Bereich einer Missionsstation als inmitten einer Goldminenstadt wähnen. Eine unabhängige Rechtsbank spricht schnell und billig Recht, und die Minengesetzgebung ist der des Kaplandes voraus. Betreffs der Zukunft des Landes aber, meint Redner, sei eine engere staatliche Vereinigung der südafrikanischen Gebiete zu einem Staatenbunde unabweisbar; doch sei dieselbe ausgeschlossen, so lange Präsident Krüger an der Spitze des Transvaal-Staates stehe. — Redner schildert dann seine Reise statt vieler, die von Kapstadt nach den Goldfeldern. Bis Kimberley gings schnell per Bahn, dann in schwerfälliger Postkutsche, von 12 Thieren gezogen, mit 20 Personen, vielem Gepäck und Briefschaften beladen, mehrere Tage durch völlige Einöde, immerhin mit einer Geschwindigkeit von 1 ½ deutschen Meilen pro Stunde, mit einem Aufenthalt von ¼ Stunde für die Mittagsmahlzeit bei schlechter Verpflegung und einer Nachtruhe nur im Winter von 3—4 Stunden in schmutzigen Bauernhäusern; die Landschaft ist im Sommer mit hohem Gras bewachsen, das im Winter völlig abstirbt, im Sommer die Wege schlecht und die Brücken über die Flüsse weggerissen, im Ganzen aber eine erträgliche Fahrt und nur selten ein Unfall zu beklagen. So gelangt man über Potchefstroom, meist ansteigend bis auf das 6000 engl. Fuss hohe Plateau nach Johannisburg, wo vor 3 Jahren nur einige niedrige Binsenhütten der wenigen Goldgräber, jetzt eine volkreiche Stadt mit grossstädtischem Getriebe. Johannisburg hat 20 000 weisse Einwohner, 2 Theater, einen ständigen Cirkus, eine stark besuchte Börse, Kirchen aller Konfessionen, geräumige Hotels und glänzende Läden, meist 2stöckige Häuser mit kolossalen Miethspreisen (Redner zahlte für 3 kleine Zimmer 1000 ℳ. Miethe per Monat), schöne Gärten, überhaupt allen Komfort einer mindestens 5mal grösseren europäischen Stadt. Die Preise der Lebensmittel (z. B. 1 ℔ Butter 8 Mark) sind entsprechend dem schwierigen Transporte, da alle Konsum-Artikel per Ochsenwagen (6000 ℔ für je 16 Ochsen) von Kimberley oder Natal hingeschafft werden; sowie auch alles Material an Maschinen, Grubenholz, Steinkohlen und die geförderten Erze per Ochsen- oder Maulthierwagen herbei- oder weggeschafft werden. Die Bewohner des ganzen Transvaal, dessen Areal etwa dem von Grossbritannien und Irland entspricht, werden auf 140 000 Weisse und 300 000 Schwarze geschätzt. Das Klima des Landes ist, abgesehen von den tiefen Thälern, gesund und gestattet dem Europäer bei mässiger Lebensweise auch angestrengte Arbeit. Das Land senkt sich nach Westen und Norden allmählich und fällt nur nach Osten steiler ab, im Winter sinkt die Temperatur fast bis 0° R. Im N finden sich Anpflanzungen tropischer Gewächse, aber im Allgemeinen ist das Land mehr geeignet für den Anbau von Korn, jetzt meist Hafer und Mais neben viel Gemüse, nur wenig Weizen, Roggen und Gerste; die Fruchtbarkeit des Bodens ist gross und künstliche Bewässerung leicht zu ermöglichen; den Bedürfnissen des Landes angemessen wird besonders die Zucht von Ochsen, Maulthieren und Pferden gefördert. — Die Statistik bietet ein deutliches Bild von der Entwickelung des Landes: es betrugen

	Die Importen:	Die Zölle:	Die Staatseinnahme:	Die Einnahmen des Telegraphen-Bureaus:
in 1884	£ 525 000	£ 37 000	£ 143 000	£ —
„ 1885	„ 530 000	„ 39 000	„ 161 000	„ 1 500
„ 1886	„ 721 000	„ 61 000	„ 177 000	„ 3 500
„ 1887	„ 2 204 000	„ 190 000	„ 637 000	„ 16 000
„ 1888	„ 4 000 000	„ 300 000	„ 800 000	„ 30 000

Obige Zahlen sind dem sehr zuverlässigen Jeppe'schen Almanach entnommen. In 1884—85 konnte der Staat die Beamtengehälter nicht bezahlen. Die rapide Steigerung seiner Einnahmen ist nur Folge der Goldentdeckung. Gold fand zuerst unser Landsmann Mauch in Matebéle-Land 1864, in Transvaal wurden 1870 und später Nester alluvialen Goldes gefunden; die Nachricht davon drang kaum bis ins Kapland; und England that nichts hierin in der Zeit der Occupation. Erst 1883—84 fing man an, systematisch nach Gold zu suchen; jetzt wird das Land von Goldsuchern durchlaufen. Dreierlei sind die Hauptproduktionsstätten des Goldes: 1) Quarzgänge, 2) Sedimentgesteine mit Gold imprägnirt und 3) Konglomerat, letzteres am ergiebigsten. Die Barbaton-Gruben zeigen die beiden erstgenanten Vorkommnisse des Goldes und lenkten zuerst die Aufmerksamkeit auf sich. Doch stellte sich bald heraus, dass diese Minen nur zu oberst Anreicherungen von Gold halten und nach der Tiefe zu abnehmen, ausserdem auf steilen Höhen gelegen die Unkosten nicht deckten. Dort erwartet man erst von den Eisenbahnen eine Minderung der Arbeitskosten und lohnenden Abbau. Sachverständige versprechen dem Barbaton-Distrikt eine glückliche Zukunft. — Redner selber machte den Weg von Delagoa-Bai nach den Barbaton-Minen zu Fuss, verliess dieselben aber sehr ernüchtert und ging nach Johannisburg im Witte-Waters-Distrikt. Hier wird das Gold nur in Konglomeratschichten ausgebeutet; dieselben erstrecken sich von Osten nach Westen 150 engl. Meilen geradeaus, davon 40 Meilen weit sehr reichhaltig an Gold. Sie enthalten verschiedene Systeme von goldführenden Gesteinsschichten, und das als Main-Reef bekannte System enthält 4—7 parallele Schichten Konglomerate, das sind Gerölle von Kirschkern- bis Faustgrösse, durch sogen. Zement (zerriebene krystallinische Gesteine) verkittet, in der Tiefe steinhart und werden mit Dynamit gesprengt. Bis zur Tiefe von 100′ enthalten diese Geröllschichten freiliegendes Gold; dasselbe wird mechanisch durch Quecksilber ausgeschieden; in grösserer Tiefe tritt das Gold in Form von Kiesen (Pyriten) auf. Die Frage nach der Dauer der Goldausbeute kann dahin beantwortet werden, dass schon der Werth der jetzt durch Minen aufgeschlossenen Schichten sich kaum mehr durch Zahlen ausdrücken lässt; die reicheren Schichten sind 1 bis 10′, die ärmeren bis 30′ mächtig und erreichen, nach einem bis jetzt 250′ tief getriebenen Schachte zu urtheilen, eine Tiefe von mehreren tausend Fuss. Was die mechanische Goldgewinnung betrifft, so werden in bergmännischer Weise Schachte und Strecken getrieben, wozu die ersten Kräfte Englands, Amerikas und Deutschlands engagirt sind. Die goldführenden Konglomerate werden zu Mehl zerstampft, mit Wasser gesiebt durch ein Sieb mit 2000 Löchern per Quadratzoll und über Kupferplatten geleitet, die mit Quecksilber eingerieben sind; da verbindet sich sofort das Gold mit dem Quecksilber zu Amalgam, während das werthlose Gestein mit dem Wasser weitergespült wird. Aus dem Amalgam wird das Quecksilber zu weiterem Gebrauche ausgeschieden, und das Gold mit geringem Gehalt an Silber und anderen Metallen bleibt zurück. Letzteres geht nach Europa und macht einen Preis von ℳ. 77 per Unze ($14^1/_3$ = 1 ℔). Von grosser Wichtigkeit ist die Zufuhr von Steinkohlen, die in Entfernung von 6 deutschen Meilen in geringer Tiefe gewonnen werden. Daselbst ist ein unerschöpfliches Kohlenlager über Tausende von Quadratmeilen sich erstreckend, 20′ mächtig mit guter Kohle, die bis 80 % Heizkraft der besten englischen Kohle hat. Sie wird bergmännisch gewonnen und in den Minen sehr billig zu 10 sh die Tonne verkauft, aber der Bauer nimmt für die Beförderung mit Ochsenwagen für die 35 engl. Meilen bis zu den Goldminen 50—60 ℳ. pr. Tonne. Jetzt ist eine Pferdebahn für den Transport hergestellt, welche die Tonne Kohlen für 30—40 sh liefern wird. Die Kosten der bergmännischen Gewinnung sind sehr hoch. Weisse Arbeiter wie Zimmerleute, Maurer erhalten 30 ℳ. pr. Tag, Bergleute 1000 ℳ. pr. Monat, d. i. der dreifache Lohn von dem in Kalifornien und Australien gezahlten. Trotzdem ist der Nutzen an Goldgewinnung in dem Main-reef bedeutend, wird aber nach Fertigstellung der Eisenbahn bedeutend steigen. Bis jetzt sind 2000 Pochstempel in Arbeit, weitere 2000 in Auftrag gegeben. Die Goldausbeute (Goldexport) betrug

für 1871—87	total	877 000	£,
in 1886	allein	137 000	„
„ 1887	„	236 010	„
„ 1888	„	906 000	„
„ 1889	geschätzt auf	1¼ Million	£,
„ 1890	„	„ 3—4	„ £.

Die Goldausbeute ist abhängig von der Schnelligkeit, mit der die Arbeitsmaschinen aufgestellt werden können. Von dem Zeitpunkt der telegraphischen Bestellung bis zur Aufstellung und dem Beginne des Betriebes pflegt rund ein Jahr zu verstreichen. Neben gesunden Anlagen hat die Goldentdeckung auch manche schwindelhafte Anlagen veranlasst. Neben soliden Gesellschaften sind ganz werthlose Gründungen erfolgt und haben Europa heimgesucht, so dass betreffs Anlegung von Kapitalien in solchen Unternehmungen grosse Vorsicht zu empfehlen ist. Andere Distrikte mit weniger goldreichen Konglomeraten sind dem von Johannisburg gefolgt; viel von sich reden macht der Zoutpansberge-Distrikt im Norden, wo reiche Quarzgänge wie im Barbaton-Distrikt gefunden sind. Die Geologen versprechen sich viel von ihnen, aber es ist noch nicht nachgewiesen, dass sie nicht wie im Barbaton-Distrikt nach der Tiefe zu an Goldgehalt bald abnehmen. Nicht nur Gold, auch andere Metalle werden in Transvaal gewonnen, wie Silber, Kobalt, Kupfer, etwas Blei, Quecksilber und bestes Magneteisen, und zwar nahe den Kohlenfeldern. Auch Wasserkraft steht zur Verfügung, sowie Holz zum Ausbau der Bergwerke, besonders das Holz des Yellow-wood-tree mit einem Umfang von 30 bis 40 Fuss am Stamme. Was die Erwerbung der Erlaubniss zur Goldgewinnung betrifft, so darf der Bauer nicht ohne seine Zustimmung auf seinem Grund und Boden behelligt werden; verweigert er die Erlaubniss, so darf er auch selber nicht daselbst Gold gewinnen. Andernfalls muss er Jedem gegen eine bestimmte Abgabe einen Erlaubnissschein ausstellen, und sobald von einer Seite die eidliche Versicherung vorliegt, dass auf dem Grund und Boden Gold gefunden ist, wird das bisherige Privatbesitzthum für öffentliches Goldfeld erklärt. Der frühere Besitzer hat dann besondere Vorrechte, er darf 10 % des Bodens für sich ausscheiden und erhält von den Abgaben gleichen Theil mit der Regierung und hat das Vorkaufsrecht auf eine gewisse Anzahl Claims. Jeder aber darf sich einen Claim in der Grösse von 150 Fuss bei 400 Fuss abstechen und zwar nur Einen auf seinen Namen, was leicht dadurch umgangen wird, dass man die Vollmacht anderer Namen zur Absteckung weiterer Claims sich erwirbt. Die Abgaben betragen 15 *M.* pr. Claim und Monat. Die Entwickelung aller anderen Interessen muss der des Goldes folgen, aber die Bewohner sind Bauern, die nur langsam fortschreiten. Redner meint, dass Transvaal selbst Kalifornien überflügeln und dass besonders dem deutschen Handel ein reiches Arbeitsfeld erblühen werde. Als Importe werden Eisenbahnmaterial und Konsumartikel sehr lukrativ sein, die jetzt den kostspieligen Weg übers Kapland nehmen. Der Export ist fragwürdiger, doch wird man die Silberkupfererze und Pyrite nach Europa bringen, wo man bis 9 % Gold mehr ausscheiden wird, als in Transvaal geschieht, so dass auch auf Rückfracht nach Europa zu rechnen ist. Die Hauptstadt des Transvaal, Pretoria, 35 Jahre alt, ungefähr 35 engl. Meilen nördlich von Johannisburg, ein freundliches Städtchen, steht ausser Berührung mit den Goldfeldern. Benachbart ist dem Transvaal und kann stark durch die Verbindung mit Südostafrika beeinflusst werden das Matebéle-Land, im Norden des Limpópo, das auch von der Delagoa-Bai erreichbar ist. Eine Royal charter ist von der Königin von England einer Ostafrikanischen Gesellschaft ertheilt worden für ein grosses Gebiet, das letztere vom Könige von Matebéle erworben zu haben behauptet. Erweisen sich diese Voraussetzungen als richtig, so sieht auch Matebéle-Land einer schnellen Entwickelung als Goldland entgegen, und ist die Aufmerksamkeit des deutschen Handels darauf zu richten.

Auf eine Anfrage aus der Mitte der Versammlung, welcher Art Transitzölle die nach Transvaal verladenen Güter unterlägen, giebt Herr Lippert den Bescheid, dass nach dem vor Kurzem zwischen Portugal und Transvaal für 99 Jahre geschlossenen Vertrage die Transitzölle von Delagoa-Bai nach Transvaal höchstens 3 % betragen dürfen. Herr Friederichsen hält es für wünschenswerth zu erfahren, welche Bedeutung man in Transvaal jener oben erwähnten Royal charter beimesse, die einer europäischen Gesellschaft zur Ausbeutung des Matebéle-Landes ertheilt sei. Herr Lippert meint, dass die Tendenz dieser Ertheilung wohl gegen Transvaal und Portugal gerichtet sei, dass aber alle Interessenten, so lange die Verhandlungen mit dem Könige des Matebéle-Landes nicht abgeschlossen seien, über ihre weiteren Absichten Stillschweigen beobachteten. Jedenfalls sei es nicht im Interesse von Transvaal, dass diesem durch das Vorgehen Englands die Ausdehnung nach Norden abgeschnitten sei. Auch sei auf freundschaftliche Beziehungen zwischen Transvaal und Matebéle-Land nicht zu rechnen, nachdem kürzlich der Transvaal-Konsul von Matebéle-Leuten ermordet sei.

150. Sitzung. 2. Januar 1890.

Vorsitzender: Herr Prof. Dr. Hoche.

Zur Aufnahme werden 23 Herren angemeldet.

Auf das Seitens der Gesellschaft nach Sansibar an Emin-Pascha und Stanley gesandte Glückwunschtelegramm ist folgende telegraphische Antwort eingegangen: »In name of Emin and myself I send you abundant thanks. H. M. Stanley, Zanzibar, 7. 12. 89.«

Der Vorsitzende giebt dankend davon Kenntniss, dass die hiesige Mathematische Gesellschaft, die am 15. Februar d. J. ihr 200jähriges Jubiläum zu feiern gedenkt, von der zu dieser Gelegenheit abgefassten Festschrift der Geographischen Gesellschaft eine Anzahl Exemplare zur Vertheilung an Interessenten zur Verfügung gestellt habe.

Von den letzthin eingegangenen litterarischen Werken hebt der Vorsitzende namentlich hervor ein Geschenk der Argentinischen Regierung, bestehend in einer grösseren Reihe von Bänden, die eingehende Darstellungen der volkswirthschaftlichen Verhältnisse des Argentinischen Freistaates enthalten und ursprünglich aus Veranlassung der vorjährigen Pariser Ausstellung und für dieselbe offiziell zusammengestellt waren.

Der Vorsitzende begrüsst alsdann den als Gast anwesenden Herrn Manissadjian, Dozenten am Orientalischen Seminar in Berlin und ertheilt demselben das Wort zum angekündigten Vortrage über die »Handelsgeographischen Verhältnisse der nördlichen kleinasiatischen Provinzen.« Redner bittet zunächst um die Nachsicht der Versammlung, falls seine Mittheilungen über die Verhältnisse des türkischen Reiches betreffs ihrer Genauigkeit nicht den erwarteten Hoffnungen entsprechen sollten, da es ihm leider trotz aller Bemühungen nicht gelungen sei, von Seiten der türkischen Verwaltung die neuesten statistischen Ergebnisse rechtzeitig zu erhalten.

Redner demonstrirt alsdann zunächst an einer Wandkarte die zur Sprache kommenden Provinzen Kleinasiens; es sind dies: Kastamuni im Westen und Trabison im Osten des Kysyl Yrmak, beide an den Gestaden des Schwarzen Meeres sich entlang ziehend, also den altrömischen Landschaften Bithynien, Paphlagonien und Pontus entsprechend, ferner die der Provinz Trabison südlich nebengelagerten Provinzen Siwas und Erserum, letztere ganz im Gebiet des alten Armenien gelegen. Was die physischen Verhältnisse dieser Provinzen betrifft, so ist das Land meist gebirgig, die niederen westlicheren Partien, deren Wälder früher eine Quelle des Wohlstandes waren, sind ihres Holzreichthums schon meist beraubt, ohne dass in diesen von der Metropole ferner liegenden Provinzen durch eine rationelle Forstwirthschaft für den nöthigen Nachwuchs gesorgt würde. Waldreich sind noch jetzt die meist höher gelegenen Berglandschaften der Provinz Trabison, deren Nadelwaldungen viel Bauholz liefern. Ebenfalls hoch gelegen, mit meist 1500 bis 2000 m Meereshöhe und deshalb langen, rauhen Wintern, ist die Provinz Erserum, wo der Euphrat und der Tigris, sowie der Tscharuk und Pasinsee (Aras der Alten) ihr Quellgebiet haben. Diese Provinz ist für Ackerbau wenig geeignet, besser gedeiht die Viehzucht, besonders gut die Schaafzucht. Dagegen besitzt die südlich von den

Randgebirgen gelegene Provinz Siwas, besonders in den Thälern des Kysyl Yrmak, d. i. Rother Fluss (Halys der Alten), und des Geschil Yrmak, d. i. Grüner Fluss (Iris der Alten), vorzüglichen Alluvialboden, in einer Meereshöhe von 300 bis 1500 m. Mineralische Produkte finden sich, wie es scheint, theilweise in grosser Reichhaltigkeit in den genannten Gebieten, werden aber bis jetzt nicht rationell ausgebeutet. So finden sich in Kastamuni, nördlich von Bólu und nahe der Küste, reiche Steinkohlenlager, die sich 150 km weit hinziehen und 1 bis 3, stellenweise bis 5 m Mächtigkeit haben sollen. Die Regierung überlässt die Ausnutzung der Privatspekulation gegen eine Abgabe von 60 % des Reinertrages, wogegen sie für die gelieferten Waaren 3½ Piaster (ca. 62 ₰) per 100 kg vergütet, zugleich also eine sehr billige Bezugsquelle von Kohlen hat. Die Produktion soll jetzt per Jahr 125 000 t betragen.

Noch weniger ausgebeutet werden die Kupferminen derselben Provinz, sowie die verschiedenen Erzläger der Provinz Trabison, wo nur Ein nennenswerthes Silberbergwerk von Gümüschchâne, d. i. Silberhaus, ist.

An Kulturpflanzen sind nennenswerth vor Allem der Tabak, der überall in den Küstenprovinzen, in besonderer Güte aber nahe bei Samsun (Amisus der Alten) zwischen den Mündungen des Halys und des Iris gewonnen wird. In den tiefgelegenen wärmeren Thälern gedeihen auch Wein und Südfrüchte, und in grösster Menge werden Haselnüsse und Wallnüsse ausgeführt, wogegen die Wälder ausser Bauholz als Besonderheit das für den Holzschnitt unersetzliche Buxbaumholz (von Buxus balearica) liefern. Begehrt sind auch für Fournirarbeiten die oft riesigen kropfartigen, im Innern schön geäderten Auswüchse der Wallnussbäume, die oft 1 m Durchmesser erreichen und dann an Ort und Stelle mit 50 bis 80 ℳ bezahlt werden. Besonders reich an Produkten des Acker- und Gartenbaues ist die Provinz Siwas. Während die nördlicheren Partien, weil tiefer und wärmer gelegen, Obst und Wein erzeugen, baut man mehr nach Süden zu, wo das Land sich schon nach dem höheren Binnenlande erhebt, in der Ebene der Stadt Siwas, seit einigen Jahrzehnten Kartoffeln und Zuckerrüben. Erstere sind bereits, wie bei uns, die tägliche Speise der ärmeren Bevölkerung geworden, letztere zur Zuckergewinnung zu verwerthen hat man bisher nicht versucht, was um so auffälliger ist, als Zucker der Haupteinfuhrartikel der Türkei ist (in 1887/88 wurde per Jahr für ca. 20 Millionen Mark Zucker importirt). Die Schwerfälligkeit der Türken in industriellen Unternehmungen wird freilich, wie die Erfahrung gelehrt hat, der ausländischen Konkurrenz gegenüber stets einen schweren Stand haben und kaum je so billig produciren, wie das Ausland importirt. Die kleine Stadt Amasia producirte früher reichlich Rohseide, etwa 30 000 kg per Jahr, jetzt kaum den zehnten Theil. Immerhin ist die Seidengewinnung Veranlassung gewesen, in letzter Zeit auch Seidenstoffe herzustellen. (Redner legt eine Musterkarte von ganz- und halbseidenen Stoffen aus Amasia vor). Die günstigen Verhältnisse Amasias sprechen sich auch darin aus, dass Einfuhr und Ausfuhr sich ziemlich das Gleichgewicht halten, beide, je nach dem Ausfall der Ernte, ca. 10 bis 15 Millionen Mark betragend, während fast in allen Städten des türkischen Reiches die Einfuhr weit überwiegt. Die wichtigsten Ausfuhrartikel Amasias sind Tabak und Getreide, Haupteinfuhrartikel sind Baumwoll- und Manufakturwaaren.

In Amasia ist ausser einem deutschen Vice-Konsul auch eine deutsche Kolonie, etwa zehn Familien zählend, die zum Theil die Kornmüllerei betreiben. — Die Viehzucht blüht besonders in der Provinz Erserum, von wo am meisten Schaafe ausgeführt werden. Der Viehstand beziffert sich hier auf etwa 1 1/2 Millionen Schaafe, 2/3 Millionen Ziegen und 2/3 Millionen Rinder, Pferde, Esel.

Die Haupthäfen an der Nordküste Kleinasiens sind, abgesehen von Inébolu und Sinob, die nur gelegentlich angelaufen werden, Samsun und Trábison. Letzteres liegt besonders günstig für den Handel nach dem türkischen und persischen Armenien, hat eine Einwohnerzahl von 50 000 und ist, besonders im Christenviertel, die schönste Stadt an der Nordküste. Von dem Handelswerthe (40 bis 50 Millionen Mark) kommt die Hälfte auf den Transitverkehr. Alle auf dem Schwarzen Meere verkehrenden Dampferlinien haben hier Agenturen. Der Schiffsverkehr betrug (das kleine Kírason einbegriffen) ca. 500 000 t in 1886. Auch Samsun ist trotz seiner ungünstigen Hafenverhältnisse ein wichtiger Platz als Ausgangspunkt des Handels nach dem Innern Kleinasiens. Es führen von dort zwei Landstrassen, die eine südlich über Mersifun, Ischerun, Josgad nach Kaiserié, die andere über Amasia und südöstlich weiter über Tókad, Siwas, Charput nach Diárbekr am Tigris; ersterer Weg ist etwa 800 km lang, der andere 400 km, beide in gutem Stande und werden mit Leiterwagen befahren. Diárbekr steht auch nach Südwest hin mit dem Meere über Urfa, Haleb, Iskenderun in Verbindung, doch wird der Weg über Samsun, weil der kürzere nach Konstantinopel, dem südlichen vorgezogen. Samsuns Schiffsverkehr, einige kleine benachbarte Häfen eingerechnet, ist etwa dem von Trábison gleich.

Ganz Kleinasien hat mit Mesopotamien zusammen eine Bevölkerung von etwa 10 Millionen, bei einem Areal von etwa 1 250 000 qkm, d. h. eine Volksdichte von 8 per qkm, welche Zahl sich für die dichter bevölkerten, oben besprochenen Provinzen auf 12 erhöhen dürfte, während wir in Deutschland eine Volksdichte von 88 per qkm haben. Kleinasien würde jedenfalls eine viel dichtere Bevölkerung ernähren können, auch wenn nicht auf die kräftige Entwickelung irgend einer Industrie zu rechnen ist.

Die Bewohner, meist Türken, sind sehr leutselig und friedfertig, nur die Kurden im Süden und die Tscherkessen und Lasen im Nordosten zu Räubereien geneigt. Die mehr kaufmännisch beanlagten Armenier und Griechen sehen den Verkehr der Fremden gern, während die Türken in ihrer Lethargie sich durch das fremde Element gestört finden. Jedenfalls ist vorauszusetzen, dass alle die Erleichterung des Verkehrs mit dem Auslande bezweckenden Unternehmungen sowie die zur Ausbeutung der reichen Landesprodukte vorsichtig angelegten Kapitalien dem Lande selbst, wie auch den Unternehmern Nutzen bringen würden. Der Kleinasiate ist von Natur ehrlich und werth, dass man ihm Vertrauen schenkt.

Vorläufig ist die Betheiligung der Deutschen am Handel mit der Türkei verschwindend (in 1887 nicht ganz eine Million Mark Einfuhr aus Deutschland, dagegen 150 Millionen Mark aus England), aber deutsche Fabrikate werden immer mehr gesucht; die wenigen eingewanderten Deutschen haben ein beständiges Ansehen bei der einheimischen Bevölkerung zu gewinnen gewusst, und vor Allem das gute politische Verhältniss zwischen der Türkei und dem Deutschen Reich lässt erhoffen, dass die Deutschen in dem ihnen klimatisch sehr zusagenden Lande leicht ein günstiges Ziel ihrer kolonisatorischen Bestrebungen finden werden.

Alsdann erhält Herr Admiralitätsrath Koldewey das Wort zu einem kurzen Referat über Dr. Fridtjof Nansen's Durchquerung Grönlands in 1888. Redner sucht zunächst eine Vorstellung von der räumlichen Ausdehnung Grönlands zu geben, das auf dem 75. Parallel eine Längen-Ausdehnung von etwa 1200 km, auf dem 66. Parallel eine solche von etwa 600 km habe, und giebt dann eine historische Zusammenstellung der wenigen Versuche, die seit Mitte vorigen Jahrhunderts gemacht seien, um das Innere des Landes kennen zu lernen, aber meist von Anfang an scheiterten. Nennenswerth ist die Expedition der dänischen Forscher Jensen und Kornerop, die in 1878 von Westen her auf 62° 40′ nördlicher Breite eindrangen, aber auch nur 76 km weit auf dem Binneneis vorrückten, im Uebrigen vorzügliche meteorologische Beobachtungen machten; ferner die Expedition des bekannten Polarreisenden und Forschers Baron Nordenskjöld in 1870 und eine zweite in 1883. Letzterer hatte die Hypothese aufgestellt, dass Grönland im Innern, entgegen der bisherigen Ansicht, nicht vergletschert sei und es nicht sein könne, weil nach seiner Meinung die feuchten Seewinde schon nahe der Küste alle Feuchtigkeit niederschlagen müssten und somit im Innern jede Vorbedingung zur Gletscherbildung fehle. Nordenskjöld musste aber selber für die von ihm durchforschte Binnenlandspartie (er selber kam 180 km und zwei mitgenommene Schneeschuhläufer etwa 400 km weit) die Vergletscherung zugeben, und Dr. Nansen konstatirte dieselbe in 1888 auch für das Innerste Grönlands, wenigstens in der von ihm durchzogenen Breite. Nansen suchte die Ostküste unter 66° N zu erreichen, wurde aber, nachdem er seinen Dampfer verlassen, mit seinen Böten durch Treibeis so weit nach S abgetrieben, dass er Grönland nahe der Südspitze erreichte; dann zog er nahe der Küste bis 64° nach Norden und suchte Mitte August von hier aus in nordwestlicher Richtung, auf Christianshaab zu, Grönland zu durchqueren. Besonders schwierig, der vielen Gletscherspalten wegen, war der Aufstieg auf das Binneneis bis zur Höhe von 4000′; hier schwenkte man der vorgerückten Jahreszeit wegen ab nach WSW, in der Richtung auf Godthaab. Das Innere bildet eine gleichmässige Ebene ewigen Eises, mit wenig trockenem weichem Schee bedeckt, die sich nach N hin noch ein wenig hebt und nach W hin sehr langsam senkt. Die Fahrt nach W ging mit den leichten Schlitten, die mit Segeln bespannt waren, und mit Schneeschuhen sehr schnell ohne Schwierigkeit vorwärts, so dass man, den schwierigen Auf- und Abstieg eingerechnet, in 6 Wochen die 611 km von der Ost- zur Westküste zurücklegte und am 24. September in der Nähe Godthaabs anlangte.

Redner lobt an Nansen's Expedition besonders die Ausrüstung und die Art des Reisens. Statt schwerfälliger grosser Schlitten, wie man sie sonst anwandte, hatte jedes Mitglied der Expedition seinen eigenen kleinen Schlitten zu ziehen, der bei aufgespannten Segeln allein vom Winde getrieben wurde, während die Leute auf Schneeschuhen ebenso schnell nebenherliefen. Auch war die Wahl, nach W, statt nach O durchzudringen, eine glückliche, der Windverhältnisse wegen und weil man an der Westküste auf Menschen treffen musste, während eine Durchquerung von W nach O stets eine Rückkehr nach W erheischt hätte. Vermisst werden bisher genaue Angaben über Höhenbeobachtungen, auch jede Angabe darüber, ob solche gemacht worden, obgleich mehrere Hypsometer mitgenommen waren. Erklärlicher ist das Fehlen genauer Temperaturangaben, da bei der nicht erwarteten Tiefe der Temperatur auf dem Binneneise (geschätzt auf 45 bis 50° Kälte Celsius) die Quecksilberthermometer natürlich den Dienst versagten. Redner spricht sich für Wiederholung solcher Expeditionen aus, da die noch fehlenden geologischen Beobachtungen des in der Eiszeit begrabenen Landes manche Aufschlüsse für ähnliche in südlicheren Breiten früher stattgehabte Verhältnisse zu bieten versprächen.

151. Sitzung. 6. Februar 1890.

Vorsitzender: Herr Senator Adolph Hertz.

Zur Aufnahme werden 16 Herren angemeldet.

Der Vorstand hat im Sinne der Gesellschaft zu handeln geglaubt, indem er beschlossen hat, der Mathematischen Gesellschaft zu ihrem 200jährigen Jubiläum ein Festgeschenk zu überreichen. Der Vorsitzende ersucht darum, dem Vorstande Wahl und Art dieser Gabe vertrauensvoll zu überlassen. Dies geschieht.

Der Sekretär Herr Friederichsen widmet dem verstorbenen niederländischen Meteorologen Buys-Ballot, dem Entdecker des nach ihm benannten Gesetzes, betreffend das Verhältniss der Windrichtung und Windstärke zum Luftdruck, dem Verfasser zahlreicher nautischer Schriften und praktischer Segelanweisungen, ehrende Worte des Andenkens.

Die Geographischen Gesellschaften zu Lissabon und Madrid haben, betreffs des in Afrika, im Sambesigebiet, schwebenden Streites zwischen portugiesischen und britischen Interessen, an auswärtige wissenschaftliche Gesellschaften Zuschriften gesandt, worin sie, unter Zufügung von Belegschriften, um die moralische Unterstützung der portugiesischen Interessen ersuchen. Der Vorstand hat gemeint, von der Erfüllung dieses Wunsches schon deshalb absehen zu müssen, weil es einer rein wissenschaftlichen Gesellschaft nicht zustehe, sich in diplomatische Streitigkeiten zu mischen. Die Versammlung stimmt Dem zu.

Von den Litteratureingängen hebt der Sekretär Herr Friederichsen hervor 1) den Katalog der auf den Hamburger öffentlichen Bibliotheken vorhandenen Litteratur aus der reinen und angewandten Mathematik und Physik, der als dritter Theil der Jubiläumsschrift von der Mathematischen Gesellschaft eingesandt ist; 2) einen Reisebericht des Kapt. Binger mit ausführlicher Karte über das wenig bekannte Kong-Gebiet im Hochsudan (Westafrika); 3) eine von dem Mitgliede der Gesellschaft Herrn Wedeles aus St. Denis auf Réunion eingesandte und dort gefertigte Karte von Madagaskar.

Herr Friederichsen legt alsdann, an Stelle des von Hamburg abwesenden Kassirers Herrn Westendarp, die Kassenabrechnung von 1889 vor. Einer Jahreseinnahme von rund 13 360 ℳ. steht gegenüber eine Ausgabe von 5700 ℳ., sodass zu Gunsten des laufenden Jahres ein Saldo von 7660 ℳ. verbleibt. (Siehe am Schluss dieser Berichte).

Die Mitgliederzahl ist von 471 zu Ende 1888 auf 488 in 1889 gestiegen.

Es erhält das Wort Herr Dr. Otto Warburg aus Hamburg zu seinem Vortrage: »Die Liukiu-Inseln«. (Siehe Mittheilungen der Geogr. Gesellschaft in Hamburg 1889—90, Seite 121.)

152. Sitzung. 6. März 1890.

Vorsitzender: Herr Senator Adolph Hertz.

Die Sitzung findet in der Aula der Gelehrtenschule unter zahlreicher Betheiligung von Damen statt.

Zur Aufnahme werden 8 Herren angemeldet.

Zwecks Betheiligung der Gesellschaft an der inzwischen begangenen 200jährigen Jubiläumsfeier der hiesigen Mathematischen Gesellschaft war in der vorigen Sitzung dem Vorstande die Wahl eines passenden Geschenkes als Vertrauenssache anheimgestellt worden. In der Festsitzung jener Jubiläumsfeier ist die Geographische Gesellschaft durch die Herren Vicepräsident Prof. Dr. Hoche und Sekretär Friederichsen vertreten gewesen, und haben dieselben der Mathematischen Gesellschaft als Festgabe die Büste des Mathematikers Gauss, von Prof. Fr. Küsthardt in Hildesheim verfertigt, und eine von Herrn Prof. Hoche verfasste, von dem Kalligraphen Weimar hierselbst kunstvoll ausgeführte Glückwunschadresse als Festgabe überreicht. Der Vorsitzende ersucht um nachträgliche Bewilligung der daraus entstandenen Kosten im Betrage von 386 ℳ. Dies geschieht.

Von litterarischen Eingängen erwähnt der Vorsitzende dankend ein Geschenk des Herrn Villegas: »Guillaume, the Amazon Provinzes of Peru. London 1888«, und ein Geschenk des Herrn Marx: »Annuaire de la Martinique; année bissextile 1888«.

Der Sekretär Herr Friederichsen gedenkt mit einigen Worten des im Alter von 89 Jahren kürzlich in Wien verstorbenen Altmeisters der Geographie, Anton Steinhauser, der in seinen geographischen und kartographischen Bestrebungen allen Geographen der Neuzeit als Vorbild geleuchtet und hervorragende, besonders hypsometrische, Kartenwerke, sowie praktische Leitfäden über Kartenprojektion verfasst hat.

Herr Friederichsen verliest ferner ein Schreiben des Vorstandes der Schwedischen Geographischen Gesellschaft in Stockholm, worin dieselbe vor einem gewissen Nils Johan Zachrison warnt, welcher fälschlich vorgiebt, mit Unterstützung der Schwedischen Gesellschaft ein grosses Forschungsunternehmen in Afrika zu planen und unter diesem Titel Gelder zu erschwindeln sucht.

Alsdann ertheilt der Vorsitzende dem Herrn Dr. C. Gottsche das Wort zu dem angekündigten Vortrage über »Die Japanischen Frauen«. (Siehe Mittheilungen der Geogr. Gesellschaft in Hamburg 1889 – 90, Seite 97.) Der Vortrag wurde veranschaulicht durch eine reichhaltige Ausstellung von Gewändern und Stoffen, Originalbilderwerken und Photographien, wozu ausser Frau C. Illies auch die hiesigen Museen für Kunst und Gewerbe sowie für Völkerkunde beigetragen hatten.

153. Sitzung. 10. April 1890.

Vorsitzender: Herr Senator Adolph Hertz.

Zur Aufnahme werden 5 Herren angemeldet.

Der Vorsitzende verliest ein Schreiben der hiesigen Mathematischen Gesellschaft, worin dieselbe für die zu ihrem 200jährigen Jubiläum Seitens der Geographischen Gesellschaft überreichte Festgabe und Glückwunsch-Adresse ihren Dank abstattet.

Ferner wird ein Dankschreiben Dr. Emin's verlesen, an den die Geographische Gesellschaft nach seiner glücklichen Rückkehr aus dem Innern Afrikas eine Glückwunschdepesche gesandt hatte. Das Schreiben Dr. Emin's ist an den Sekretär der Geographischen Gesellschaft gerichtet und datirt aus Bagamoyo vom 24. Februar 1890. Es lautet: »Ew. Hochwohlgeboren erlaube ich mir meinen ergebensten Dank für die mir gesandte Glückwunschdepesche auszusprechen und bitte Sie, denselben freundlichst zur Kenntniss der Gesellschaft zu bringen. Ihr ergebener Dr. Emin.«

Der Vorsitzende ertheilt das Wort Herrn Dr. Michów zu einem Vortrage über »Mekka und seine Bewohner.«

Die Mittheilungen des Redners sind entnommen einem kürzlich erschienenen Werke, betitelt »Mekka, von Dr. Snouck Hurgronje, Haag 1889.« Dem Verfasser, Lehrer der orientalischen Sprachen an der Indischen Schule in Leyden (Holland), ist es vergönnt gewesen unter der Maske eines mohammedanischen Rechtsgelehrten 6 Monate sich in Mekka aufzuhalten und den Islam an seiner Quelle zu studiren und zwar in der festlosen Zeit, während die wenigen Berichte über Mekka, die wir bisher hatten, meist unzuverlässig und mangelhaft waren, jedenfalls von Europäern stammten, die unter der Pilgermaske nur die Festzeit in Mekka verlebt hatten und in Folge dessen nur ein Zerrbild der Zustände Mekkas liefern konnten; denn zur Wallfahrtszeit, da ca. 100 000 Pilger aus allen mohammedanischen Ländern in der ca. 50 000 ständige Einwohner zählenden Stadt eintreffen und verweilen, befinden sich die Letzteren, die dann nur für und von den Pilgern leben, in einer fieberhaften Aufregung. Besonders werthvoll ist der dem Werke beigegebene Bilderatlas, da die Abbildung lebender Wesen im Islam verpönt ist und der Verfasser bei der Erlangung der Bilder (theils in Dschiddah, theils in Mekka aufgenommene Photographien) besonders vorsichtig verfahren musste, um nicht entlarvt zu werden. Der Atlas enthält die Photographien von mehreren 100 Pilgern, von vielen Mekkanern aus den verschiedensten Lebensstellungen, ferner photographische Ansichten der Stadt Mekka, ihrer Heiligthümer und anderer öffentlicher Bauten, ferner bildliche Darstellung von allerlei Hausgeräthen und anderen Produkten altmekkanischer Industrie. Hier sei nur kurz eine Inhaltsübersicht des 2bändigen Werkes gegeben: Band I enthält in seinem 1. Theil eine Lokalbeschreibung von Mekka und seinen Heiligthümern, in seinem 2. Theile eine zusammenfassende Darstellung der politischen Entwickelung der heiligen Stadt, zum Theil aus bisher unbekannten Quellen geschöpft. Band II schildert im 1. Theil das Privatleben der Mekkaner, wie es sich öffentlich zeigt auf der Strasse, in der Moschee; das Verhältniss der Sklaven zu ihren Herren etc.; im 2. Theil das Leben in der Familie, die ehelichen Verhältnisse, Familienfeste, Erziehung, Aberglauben, die Einrichtung der Wohnungen; im 3. Theil das wissenschaftliche Leben Mekka's und im letzten 4. Theil die Fremdenkolonien, d. s. die in Mekka ansässigen Angehörigen anderer Nationalitäten, die vor Allem das geistige Band zwischen Mekka und den fernen mohammedanischen Ländern bilden. Besonders eingehend werden die Djawahs behandelt, d. i. die Kolonie der in Mekka ansässigen Malaien, die zumeist aus dem Niederländischen Indien stammen und sozusagen Landsleute des Verfassers sind.

154. Sitzung. 10. Mai 1890.

Vorsitzender: der Sekretär der Gesellschaft Herr Friederichsen.

Die Sitzung findet unter zahlreicher Betheiligung von Damen in der Aula der Gelehrtenschule statt.

Zur Aufnahme werden 6 Herren angemeldet.

Ein Rundschreiben des Komitees der diesjährigen Versammlung Deutscher Naturforscher und Aerzte in Bremen ladet zur Betheiligung und zur Anmeldung von Vorträgen für die geographische Sektion der Versammlung ein.

Von den litterarischen Eingängen erwähnt der Vorsitzende namentlich die von Herrn Geheimrath Neumayer übersandte Schrift: »Die Deutsche Expedition zur Internationalen Polarforschung und ihre Ergebnisse. Theil II. Beschreibende Naturwissenschaften. Hamburg 1890«; ferner von Baron Müller in Melbourne (Australien) übersandt: »Systematic Census of Australian Plants. Part I. Melbourne 1889.«

Nachdem der Vorsitzende in einem Ueberblick über die geographischen Tagesereignisse, Emin Pascha's und seines Eintritts in deutsche Dienste gedacht und mitgetheilt, dass der Hamburger Dr. Stuhlmann demselben als wissenschaftlicher Assistent attachirt sei, ertheilt er dem Herrn Dr. Zintgraff aus Berlin das Wort zu seinem Vortrage: »Ueber seine jüngst ausgeführte Reise von Kamerun zum Benuë und durch Nord-Adamaua.« Redner führt etwa Folgendes aus: Das Hinterland des Golfs von Guinea war bis vor Kurzem den Europäern verschlossen; es fehlen dort offene Handelsstrassen, andererseits ist die Küstenbevölkerung eifersüchtig auf ihren Alleinhandel mit den Hinterländern. In 1886 unternahm Redner im Auftrage der Reichsregierung Rekognoszirungsreisen von Kamerun aus bis 125 km in die Runde, und in 1887 wurde ihm der Auftrag, zunächst am Elephanten-See im Hinterlande von Kamerun eine Station anzulegen, um von dieser aus weitere Vorstösse zu unternehmen. Am 1. Oktober 1887 brach die Expedition von Hamburg auf, in Liberia wurden 50 Träger engagirt, Mitte Dezember ging die Expedition von Kamerun aus in's Innere. Am Elephanten-See wurde am 1. Januar 1888 mit dem Bau der Barombi-Station begonnen und als dieselbe fertig, von hier aus drei Vorstösse nach NO gemacht, von denen erst der letzte erfolgreich war. Derselbe ging durch das Gebiet der Banyang und die dichtesten Urwälder zu den westlichen Steilabfällen der westafrikanischen Binnenhochebene. Dieses Grasland wurde erstiegen, mit den Babe und Bali Freundschaft geschlossen. Der Häuptling der letzteren, Garega, erbaute für die Expedition sogar unentgeltlich eine Station, die Bali-Station. Nach monatelangem Aufenthalt brach die Expedition, freundlichst von den Bali entlassen und um Rückkehr gebeten, auf nach dem Adamaua-Lande. Dasselbe wurde nach 12tägigem mühseligem Marsche, der theils durch menschenleere Einöden, theils durch übelwollende Häuptlinge aufgehalten wurde, erreicht. Hier verursachte das Erscheinen von Weissen, die von S her kamen, grosse Aufregung, doch wurde dem Durchzuge kein Hinderniss in den Weg gelegt. In Donga fand die Reise Anschluss an Flegel's einstmaligen Durchzug. Hier genoss die Expedition mehrere Tage die Gastfeundschaft der britischen Niger-Kompagnie und brach dann nach Osten auf, um über Bagnio zu den Bali zurückzukehren. In Kundi traf man den in Hamburg wohlbekannten Begleiter Flegel's, Madugu-mai-gasin-baki, der die Expedition nach Gaschka brachte, dem ersten bedeutenden Orte Adamaua's in der deutschen Interessensphäre. Die Erlaubniss zum Weiterzuge nach Bagnio konnte nur durch einen Abstecher nach Jola, dem Sitz des Sultans von Adamaua ermöglicht werden. Von hier ging's über Gaschka nach allerlei Zwischenfällen und 6monatlicher Abwesenheit wieder in's Land der Bali zu dem Häuptling Garega. Unterwegs waren beim Ueberschreiten einer Bergkette, 1600 m über dem Meere, in Folge Unwetters (Gewitter und Hagel) und Sinkens der Temperatur 16 Mann von der Expedition gestorben, während andere 12 schon vorher den Anstrengungen erlegen waren (28 von im Ganzen 180 Mann). Die Rückkehr zu den Bali machte hier guten Eindruck, und nach einem 6wöchentlichen Aufenthalt, während dem die Bali-Station vervollständigt und daselbst eine Besatzung installirt wurde, brach die Expedition nach der Barombi-Station und von da nach Kamerun auf, woselbst sie nach 1jähriger Abwesenheit am 5. Januar 1890 wieder eintraf. In der Barombi-Station traf dieselbe bereits einen Agenten des Hamburger Handelshauses Jantzen & Thormählen, das daselbst den Handel eröffnet hatte. — Das Allgemeine über das durchreiste Gebiet und seine Bewohner lässt sich in folgender Weise zusammenfassen: Das Waldland reicht von der Küste ca. 200 km weit landeinwärts; dann beginnt das Grasland; in jenem entstehen und wechseln die menschlichen Ansiedlungen sehr schnell, im Allgemeinen drängt die Bevölkerung immer mehr der Küste zu, wohl angelockt durch die von der Küste her eindringenden europäischen Tauschwaaren. Der wichtigste Volksstamm ist im Waldlande der der Banyang. Sie sind kräftige Gestalten von tiefschwarzer Farbe, der Körper bei beiden Geschlechtern tätowirt, die Schneidezähne ausgefeilt zu dreieckigen Spitzen; Baumwollkleidung ist vorherrschend, Perlen und Messing als Schmuck beliebt. Nahrungspflanzen sind Bananen, Mais, Yams, Bohnen, Erdnüsse, Kolanüsse u. a. Tabak aus Europa ist sehr begehrt. Die hier gehaltenen Sklaven sind Bayong-Neger, die weiter aus dem Innern stammen, verwandt mit den Bali. Letztere sind der wichtigste Volksstamm des Graslandes. Die Bali sind meist grosse schön gewachsene Gestalten, ihre Körper nicht tätowirt, haben wie die Waldvölker ihre eigenen nationalen Haarfrisuren. Bei ihnen hat der Häuptling noch eine wirkliche Autorität, was man im Waldlande und an der Küste vermisst. Nationale Sitte der Bali sind, wie bei allen Graslandstämmen, die grossen Palmwein-Trinkgelage, bei denen die politischen Tagesfragen besprochen werden. Für den Verkehr mit den Weissen ist das Misstrauen der Eingeborenen überall das Haupthinderniss, weil sie jene im Besitz von allerlei Zaubermitteln glauben, wodurch dieselben ihnen weit überlegen seien. Die Wohnungen des Waldlandes bilden Dörfer mit Einer Dorfstrasse und sind umgeben von ihren Bananen-Pflanzungen; die des Graslandes stehen in Gruppen um Hofräume, ihre Pflanzungen von Reis und Negerhirse in grösserer Ferne, wo in Thalrinnen der Anbau günstiger ist. Wirthschaftlich bedeutender ist das Waldland mit seinen Gummi-Lianen und Oel-Palmen, Kopalbäumen und Nutzhölzern. Das Grasland ist reicher an Baumwollpflanzen; auch Indigo wird daselbst gewonnen. Die Barombi-Station liegt 320 m, die Bali-Station 1250 m über dem Meere, während Jola am Benuë kaum eine Höhe von 300 m hat. Regen fällt auch in der Trockenzeit häufig und erklärt neben der Thaubildung die Fruchtbarkeit des Graslandes. In der Bali-Station fällt die Temperatur Nachts bis 10° C und steigt des Tages auf ca. 25° C, es sind also durchschnittlich europäische Wärmeverhältnisse.

155. Sitzung. 5. Juni 1890.

Vorsitzender: Herr Prof. Dr. Hoche.

Zur Aufnahme werden 6 Herren angemeldet.

Herr Dr. Moritz, Lehrer am Orientalischen Seminar in Berlin, hält seinen angekündigten Vortrag über »Die Verkehrsverhältnisse in Mesopotamien«. (Siehe Mittheilungen der Geogr. Gesellschaft in Hamburg 1889—90, Seite 146).

156. Sitzung. 16. Oktober 1890.

Vorsitzender: Herr Senator Adolph Hertz.

Zur Aufnahme werden 17 Herren angemeldet.

Der Vorsitzende beantragt im Namen des Vorstandes zwei Geldbewilligungen, die in ursächlichem Zusammenhang mit einander stehen. Einmal handelt es sich um Verlängerung des vor einem Jahre Seitens des Vorstandes mit Herrn Dr. Michow als Hilfskraft des Vorstandes geschlossenen Kontraktes. Der Vorsitzende beantragt die Verlängerung zunächst auf 1 Jahr und zwar unter beiderseitigem vierteljährigem Kündigungsrecht. Zweitens beantragt der Vorsitzende, für ein in der Nähe des Sekretariats einzurichtendes Bureau, das der Hilfskraft zur Verfügung stehen solle, eine Summe bis zum Maximum von 600 ℳ für das nächste Jahr zu bewilligen, weil nur so ein gedeihliches Zusammenwirken des Sekretariats mit der Hilfskraft, sowie eine genügende Verwerthung der letzteren möglich sei. — Da gegen beide Anträge sich kein Widerspruch erhebt, sind dieselben angenommen.

Nach einem Schreiben der Pariser Geographischen Gesellschaft hat die Stadt Bern in der Schweiz sich bereit erklärt, den Internationalen Geographischen Kongress im Jahre 1891 aufzunehmen, und zwar in den Tagen vom 10. bis 15. August, wo Bern zugleich die 700jährige Jubelfeier seines Bestehens zu feiern gedenkt. Ein definitives Programm wird erst im Frühjahr 1891 versandt werden, und der Vorstand behält sich vor, seiner Zeit geeignete Vorschläge zur Theilnahme an dem Kongress zu machen.

Unter den litterarischen Eingängen ist besonders interessant eine vom Pariser Kolonialamt eingesandte Karte vom Nigergebiet, im Maasstabe 1 : 1 000 000, welche die Resultate der französischen Expedition des Kapt. Binger veranschaulicht, der in den Jahren 1887 bis 1889 einen grossen Theil des oberen Nigergebietes durch Verträge mit den einheimischen Fürsten unter französischen Schutz gestellt hat.

Der Vorsitzende begrüsst die beiden anwesenden Gäste, Herrn Prof. Dr. O. Krümmel (Kiel) und das Ehrenmitglied der Gesellschaft Herrn Dr. Rich. Andree (Heidelberg) und ertheilt das Wort zunächst Herrn W. Precht aus Hamburg.

Wie die Generalversammlung des Vereins deutscher Eisenbahn-Verwaltungen beschlossen hat, wird mit dem Inkrafttreten des nächsten Sommerfahrplans zunächst für den innern Eisenbahndienst Mitteleuropas die Zeit des Meridians 15° ö. Gr. in Geltung kommen, während die Annahme dieser Zonenzeit fürs bürgerliche Leben und die hiervon abhängige Einführung in die öffentlichen Fahrpläne vorläufig nur als empfehlenswerth erklärt werden. Es hängt Dies mit einem weitergehenden Vorschlag zusammen, der von Amerika ausgegangen ist. Derselbe geht dahin, für die ganze Erde eine Zonenzeit einzuführen, wie in den Vereinigten Staaten bereits geschehen, der Art, dass von Greenwich aus jeder 15. Grad als Hauptmeridian für die Zeitrechnung gewählt werde, wodurch man 24 solcher Hauptmeridiane erhalten würde, deren Zeitunterschiede immer in ganzen Stunden beständen. Jeder Ort würde sich dabei in seiner Zeit nach demjenigen Hauptmeridian richten, der ihm am nächsten liegt. Hierdurch würde man erreichen, dass die Uhren an den verschiedensten Orten der Erde stets dieselben Minuten zeigen und sich nur in ihren Stundenangaben unterscheiden.

Herr Precht hat nun zusammen mit Herrn Schlöbcke, Assistenten an der Technischen Hochschule zu Hannover, Apparate, Synchronoskope genannt, hergestellt, welche auf verschiedene Weise die Aufgabe lösen, die aus einer beliebigen Stundenzone stammende Zeitangabe nach Uhrzeit und Datum in die Zeit einer andern Zone umzurechnen, aber auch zugleich zur Veranschaulichung des Wechsels der Stunden und des Datums auf der ganzen Erde dienen. Wird das eine der Synchronoskope an einer Uhr angebracht, so erhält man eine Weltuhr, welche für die ganze Erde die jedesmalige Zonenzeit anzeigt, ohne dass eine Umrechnung oder Umstellung nöthig wäre. — Herr Precht demonstrirt die genannten Apparate, um die Zuhörer von der Leichtigkeit der Handhabung derselben zu überzeugen.

Der zweite Redner, Herr Prof. Dr. Krümmel aus Kiel, spricht über die von der Plankton-Expedition 1889 besuchten Atlantischen Inseln. — Genannte Expedition hatte die Aufgabe, das sogenannte Plankton, die Urnahrung der Myriaden von Thieren, welche die See beleben, und die sowohl aus junger Fischbrut und Krebsen wie aus kleinsten Diatomeen und anderen vegetabilischen Körpern besteht, nach Art und Menge festzustellen, zu welchem Zwecke mindestens zweimal täglich eine Quantität Meerwasser aufgenommen und untersucht wurde. — Zu durchforschen war also nur die hohe See, Landaufenthalt war nur nöthig, um gelegentlich Wasser und Kohlen einzunehmen, eventuell Reparaturen vorzunehmen.

Die Route war durch die Jahreszeit gegeben, sie ging von Kiel am 15. Juli durch den Ozean nach der Südspitze Grönlands, von hier am 23. Juli nach den Bermudas, wo 4 Tage behufs Umfüllung der Kohlen gerastet wurde. Weiter ging's durch das »Sargassomeer« nach den Cap Verde-Inseln, wo auf Santjago einen Tag verweilt wurde, von hier die äquatorialen Strömungen des Ozeans kreuzend, nach Ascension, dem südlichsten Punkte der Reise, von hier nach Pará in Brasilien, um auch das Plankton des Amazonenstromes zu studiren, was jedoch misslang. Auf der dann folgenden Heimkehr mussten wegen eines Fehlers an der Schiffsschraube die Azoren angelaufen werden. Am 7. November traf die Expedition wieder in Kiel ein.

Des Redners Mittheilungen betreffen einige der oben genannten Inselgruppen, zunächst die Bermudas. Dieselben erheben sich unvermittelt aus einer Tiefe von 5 000 m in einem ovalen Felsrücken, lediglich aus Korallenkalk bestehend — 3 Tagereisen (per Dampfer gerechnet) von der nächsten amerikanischen Küste, 4 Tage von Halifax im Norden und San Thomas im Süden entfernt. Der Korallenfels ist ein Ringbau, ein Atoll von 600 qkm Areal, von dem jedoch nur 54 qkm trocken über Meer liegen und im höchsten Gipfel sich bis 75 m erheben. Sie mussten früh entdeckt werden, denn sie liegen auf dem früheren Kurs der von Westindien nach Spanien heimkehrenden Schiffe; heute fährt man nördlicher. Kapitän Juan Bermudez entdeckte die Inseln 1509, und sie erschienen zuerst auf der Karte des Petrus Martyr 1511.

Schon Karl V. gedachte hier einen Hafen anzulegen, doch ging der Gedanke in dem Rausche der grossen späteren Entdeckungen verloren. Von den vielen Landungen, die in Folge Schiffbruchs hier erfolgt sind, ward für die Insel entscheidend die des englischen Admirals George Somer, der sich dorthin auf seinem Schiffswrack rettete, dort ein angenehmes Klima, viele verwilderte Schweine und delikate Fische in Menge fand, so dass es seinen Leuten schwer fiel, von dort zu scheiden. Mit einem aus dem einheimischen Cedernholz gefertigten Boote kamen sie nach der britischen Kolonie Virginia; da aber hier Hungersnoth herrschte, kehrte Admiral Somer nach den Bermudas zurück und schickte einige hundert eingefangene Schweine nach Virginia, starb aber dald darauf, 80 Jahre alt, auf den Inseln. Sein Neffe brachte 1612 von London aus 60 Ansiedler unter einem Gouverneur dahin, und seitdem sind die Inseln britisches Eigenthum geblieben. Man baute später Baumwolle, führte Sklaven ein; ihre Hauptbedeutung hat die Inselgruppe als strategisch wichtiger Punkt; 1822 wurde deshalb eine grosse Schiffswerft angelegt.

Das Atoll ist 35 km lang, 15 km breit, aber nur ein schmaler Landstreifen im SO, und erhebt sich mit 7 grösseren und 150 kleineren Inselchen über Wasser. Das Ganze ist aus organischem Kalk aufgebaut, der zuoberst durch die Brandung zertrümmert und durch den Wind zu Dünen anfgehäuft worden ist. Die riffbauenden Korallen (meist Millepora) erreichen hier (32½° n. B.) ihre nördlichste Verbreitung; sie verlangen normal salziges, lebhaft bewegtes Wasser von mindestens 16° C; hier hat dasselbe noch in 75 m Tiefe 20°, erst in 600 m Tiefe 16°. Der Sockel der Inselgruppe ist unbekannt, die Lothungen der Challenger-Expedition haben nur amorphes Korallenmehl emporgebracht, doch kann darunter ein vulkanischer Kegel verborgen sein. Die Landbildung findet hier, wie auch sonst, an der Luvseite statt, wo durch Stürme und Strömungen Gestein losgebröckelt und von den Winden zu Dünen aufgehäuft wird, die noch heute wachsen und wandern. Wo ein Hinderniss, etwa Wald, ihnen entgegentritt, da formt sich das Material um; durch die Fluth wird die Oberfläche mit Salzwasser überspült, der Boden wird dadurch fest; ausserdem liefert der Kohlensäuregehalt des Regenwassers durch Lösung des Korallenkalkes einen Zement, und formt den Dünensand in Korallensandstein um; dies ist der »soft stone«, der als Baustein dient. Abweichend hiervon bildet sich unter Wasser ein fester Kalkstein, »hard rock«, der über Wasser gehoben, klingend hart ist; dieser ist technisch nicht brauchbar; jener weiche Stein aber wird mit Bohrern senkrecht angegangen und von den Bohrlöchern aus durch Sägen in Quadern zerschnitten; derselbe erhärtet dann noch mehr an der Luft. Aus demselben werden auch Dächer gemacht und der hellgelbe Stein mit Kalk weiss geputzt, wodurch sich die Gebäude aus dem dunklen Grün der Cedern vortrefflich abheben. Das Gestein hat verschiedene Festigkeit, ist stellenweise locker, bietet dem Wasser Rinnsale und bildet reichlich Höhlen; es fehlen deshalb Bäche und Quellen. Man fängt in Cisternen das Regenwasser von den Dächern auf, das trotz Milliarden von Moskitolarven, die es vielleicht von anderen organischen Stoffen reinigen, sehr wohlschmeckend ist. Der Mangel natürlicher Gewässer erklärt die unbedeutende Viehzucht. Der Höhlenreichthum ist charakteristisch für die Inseln; die Höhlen liegen meist unter Meer, enthalten Salzwasserteiche und Tropfsteingebilde, die durch die eigenthümliche Beleuchtung mit brennenden Cedernbüschen leider entstellt sind. Eine Höhle auf der Insel Somerset hat 1500 m Länge bei 25 m Höhe, viele sind nur vom Meere aus zugänglich. Sie geben Veranlassung zu Erdfällen und Einstürzen; viele Buchten sind so entstanden. Was die zerstörenden Kräfte nehmen, ersetzen die Neubildungen durch Dünen reichlich. Ein Wachsthum in horizontaler Richtung findet nur am Aussenrande statt, am Binnenrande des Atolls stirbt alles Gethier ab; denn Windstürme rühren hier das Wasser der Lagune auf, zerreiben das Gestein zu weissem Korallenmehl, und in dem getrübten Wasser siedeln sich wohl Algen, aber nicht Thiere an.

Ein Einzelriff am Nordrande des Atolls hat jetzt nur 2½ m Höhe, während Prof. Rein in 1865 (damals Erzieher auf den Bermudas, jetzt Professor in Bonn) die Höhe zu 5 m mass, und ältere fränzösische Karten daselbst eine grössere Inselgruppe zeigen. Da das Gestein dieses Riffes hard rock ist, also unter Wasser gebildet sein muss, so hat ehemals hier eine Hebung des Riffs stattgefunden. Anders ist es in Grassy Bay, wo für ein riesiges Schwimmdock, das die grössten Panzerschiffe aufnehmen kann, der Boden ausgeschachtet worden ist. Hier liegen unter dem 23 Fuss engl. tiefen Wasser nach einander 4 Fuss Kalkschlamm, 8 Fuss Korallenriff, 7 Fuss Korallensand mit Trümmern, 10 Fuss Dünensandstein, d. i. jener soft stone oder äolische Sandstein der Geologen, der nur über Wasser gebildet sein kann, hier bis 50 Fuss unter Meer; dann folgt erst der hard rock. In jenem weichen Stein fand sich ein vegetabilischer Baumstamm noch aufrecht mit verschiedenen Landschnecken, was alles auf eine Senkung deutet. Es scheinen also, vielleicht in Folge grösserer Erdstürze, sowohl Hebungen, als auch Senkungen lokaler Art stattgefunden zu haben. Von den 54 qm Areal ist nur ein Drittel in Kultur, zwei Drittel sind Wald oder Weideland. Der Wald besteht meist aus sog. Cedern, d. i. westindischem Wachholder (Juniperus virginiana), dessen Holz sehr brauchbar für Haus- und Schiffsbau, zu Hausgeräthen und zum Brennen ist. Schnitzereien, die die Reisenden als Andenken mitnehmen wollten, waren freilich echt im Holz, aber in Wernigrode am Harz verfertigt. Die Cedern schwinden immer mehr, an ihrer Stelle bildet sich eine Art südeuropäischer Maquis-

Formation, Salbeigestrüpp mit Gräsern. Hauptreiz der Landschaft sind die über die Cedern hervorragenden Fächerpalmen. Daneben giebt es Bambushaine; Bananen und Zierpalmen werden gebaut. Charakteristisch für die Landschaft sind die Hecken aus Oleander, die sich meilenweit hinziehen und in weissen bis hochrothen Blüthen prangen.

Das Klima — unter gleicher Breite mit Madeira ($32^1/_2{}^0$) — ist subtropisch, hat im wärmsten Monat August $26{,}7^0$ C (Madeira $23{,}8^0$) im kältesten Monat Januar $16{,}4^0$ (Madeira $15{,}9^0$); unter 15^0 C sinkt die Temperatur sehr selten, nie unter 11^0 C, sodass die wärmste Jahreszeit in Hamburg etwa der kältesten auf den Bermudas gleicht. Im Winter herrschen heftige Stürme, die durchschnittlich dreimal in je 14 Tagen sich einstellen; dagegen ruht im Sommer ein barometrisches Maximum über den Inseln, das Sommerklima ist heiss und angreifend, obwohl kein Monat weniger als 80 mm Regen hat bei 1500 mm Jahresregenmenge (Hamburg 750 mm). Der Landbau bedarf des Schutzes gegen die Stürme, daher hat man nur kleine Gärten, hinter Hecken und Felsen versteckt; der Ertrag des Landes ist gut, man erntet zwei bis drei Mal im Jahre; man exportirt Zwiebeln, Kartoffeln, Tomaten, Arrowroot für $1^1/_2$ bis 2 Mill. Mark per Jahr; mit Frühkartoffeln, die nur auf Grösse gezogen werden, versorgt man die Märkte der Ver. Staaten bereits im Januar und Februar. Zum eigenen Verbrauch baut man ausser Bananen noch Mais und Maniok; Getreidebau ist unmöglich, Viehzucht nur in Schweinen möglich, wird aber nicht kultivirt; Schlachtvieh wird von Newyork importirt.

Die Bevölkerung wohnt sehr dicht: 300 pr. Quadratkilometer bei 16 000 Einwohnern. Letztere sind meist farbig, eine Mischrasse von Weissen und den Nachkommen der in 1836 freigelassenen Sklaven; recht intelligent, von guter Schulbildung, politisch rege, nicht ohne republikanische Gelüste, werden aber durch die 1500 Mann betragende Garnison in Schach gehalten. Die Festung, die die Garnison beherbergt, ist stark gebaut und von der See ohne Lootsen nicht zugänglich. Einwanderung findet nicht statt, nur erholungsbedürftige Amerikaner nehmen hier vielfach Winteraufenthalt, wo sie ohne Kabelverbindung mit dem Festlande sind und nur alle 8 resp. 14 Tage Post erhalten.

Redner giebt dann eine Beschreibung von A s c e n s i o n, dem südlichsten Punkt der Expedition. Die bis 860 m hohe Insel wurde schon in 56 Seemeilen Entfernung deutlich sichtbar. Der Gouverneur, welcher durch Vermittelung des Auswärtigen Amtes von dem Besuch der Expedition unterrichtet war, sandte dem Schiffe einen Lootsen entgegen und nahm sie gastlich auf. Die Insel macht einen seltsamen Eindruck; sehr energische Farben des vielerlei Gesteines zeigen sich über- und hintereinander, zunächst hochroth, dann pechschwarz und hellgrünlichgrau, mit weisslichem Trachyt abschliessend als höchster Stufe. Die Ansiedelung an der Küste ist bei ewigem Regenmangel ohne Vegetation, die Gärten nicht grün von Gras, sondern grau in grau mit abgesteckten Beeten vulkanischen Sandes, vor den Häusern vegetiren in Kübeln kümmerlich einige Pflanzen, das Ganze eine Wüstenei mitten im Meere! Die Stadt besteht nur aus Dienstwohnungen für 150 Mann Garnison. Nur der Kommandant, ein Offizier, der Pastor und der Arzt haben ihre Familien dort; andere Einwohner giebt es nicht. Das Leben ist militärisch organisirt wie auf einem Kriegsschiffe, Rationen werden vertheilt; die Provisionen werden von Kapstadt geliefert. Früher ist die Insel lange Gesundheitsstation gewesen für die Besatzungen der Schiffe, die hier auf der Fahndung nach Sklavenschiffen kreuzen mussten. In 1883 wurde die Besatzung von 400 auf 150 Mann reduzirt; jetzt ist die Insel Kohlenstation für Kriegsschiffe und immerhin ein strategisch wichtiger Punkt, 4° von Brasilien und 5° von Westafrika entfernt, und wird deshalb trotz des Defizits von 1 000 000 ℳ. gehalten. — Die einzige Kultur findet sich auf den höchsten Bergen im Innern, wo der aufsteigende Passat eine ständige Nebelwolke erzeugt, die für die Vegetation die nöthige Feuchtigkeit spendet. Hier sind Gärten angelegt, auch Schaaf- und Pferdeställe. Die Kultur des Landes wird aber durch eine Landplage erschwert. Dies sind die Ratten, die alle Wurzeln zernagen; die früher dagegen eingeführten Katzen liessen die Ratten gewähren und stellten lieber den schmackhafteren Vögeln nach, und mussten dann ihrerseits wieder vertilgt werden. Besonders interessant sind noch die Schildkröten-Teiche in der Nähe des Hafens, in denen man die 7 bis 8 Ctr. schweren Thiere, die zum Eierlegen ans Land kommen und dann zu 30 bis 40 in einer Nacht gefangen werden, zum allmählichen Verbrauch aufbewahrt.

Redner schliesst hieran noch einige Bemerkungen über die Azoren-Insel San Miguel, wo die Expedition auf der Heimreise einige Tage verweilen musste. San Miguel ist eine aufblühende portugiesische Kolonie, hat jetzt einen durch grosse Molenbauten sehr geschützten Hafen und sieht einer vielversprechenden Zukunft entgegen, wenn erst eine Kabelverbindung, die bei der vortheilhaften Lage nöthig erscheint, den Verkehr mit dem Festlande erleichtern wird.

Die anziehende Schilderung, welche Redner von der Natur jener Inseln und dem dortigen Leben zu geben wusste, wurde vortrefflich illustrirt durch eine reiche Zahl grosser Photographien, die die landschaftlichen Reize und sonstigen Eigenthümlichkeiten jener wenig bekannten Eilande veranschaulichten.

157. Sitzung. 6. November 1890.

Vorsitzender: Herr Senator Adolph Hertz.

Vor Eintritt in die Tagesordnung widmet der Vorsitzende einige Worte der Erinnerung dem vor Kurzem als britischer Konsul in Triest verstorbenen Reisenden Richard Burton. Derselbe, 1821 in England geboren, trat 1842 zu Bombay in die ostindische Armee ein und benutzte diese Gelegenheit, die wichtigsten orientalischen Sprachen — arabisch, persisch, hindustanisch — zu erlernen. Dadurch wurde er befähigt, bedeutende Forschungsreisen in Ostindien auszuführen, die bald die Aufmerksamkeit der Londoner Geogr. Gesellschaft auf den jungen Forscher lenkten. Mit deren Unterstützung machte er dann, als Muselmann verkleidet, 1853 seine berühmte Reise nach Arabien und 1854 nach Harrar (hierher als erster Europäer) und Somali-Land in Afrika; 1856 brach er in Begleitung von Speke wiederum auf nach Afrika und drang von Sansibar aus ins Innere vor, um die Existenz der von deutschen Missionären nach Hörensagen bezeichneten grossen Binnenseen festzustellen und die von jenen daselbst gesehenen Schneeberge zu erforschen. Dies führte 1858 zur Entdeckung des Tanganika-Sees, während Burton an der durch Speke erfolgten Entdeckung des Ukerewe-Sees im selben Jahre, durch Krankheit behindert, nicht theilnehmen konnte. Später finden wir Burton im Mormonenlande Nordamerikas, dann als britischen Konsul auf Fernando Po, von wo aus er Kamerun besuchte, 1864 als Konsul in Santos, von wo aus er die brasilianische Provinz Minas Geraes und Paraguay erforschte; 1869 durchreiste er von Damaskus aus Syrien, besuchte die Ruinen von Palmyra und wandte sich 1872 schliesslich nach dem hohen Norden, nach Island. Burton's Reisen sind besonders in Ostafrika bahnbrechend gewesen und vielleicht in neuster Zeit in Folge der sich überstürzenden Ereignisse daselbst nur zu sehr in den Hintergrund getreten. — Der Vorsitzende, Herr Senator Hertz, hat um so mehr Veranlassung, dem Verstorbenen diese Worte der Erinnerung zu widmen, als er während seines Aufenthaltes in Ostafrika Gelegenheit hatte, denselben persönlich kennen zu lernen. Burton war damals im Begriff, von Suez auf einem Pilgerschiff nach Jambo, dem Hafen Medinas, und von dort in's Innere Arabiens zu gehen. Er machte in allen seinen Geberden, in Sprache und Benehmen, den Eindruck eines vollendeten Muselmannes. Dieser Geschicklichkeit verdankte er zum grossen Theil die glänzende Durchführung seiner schwierigen Reisen.

Geschäftlich ist mitzutheilen, dass 9 Herren zur Aufnahme neu angemeldet worden.

Der Sekretär Herr Friederichsen hebt unter den litterarischen Eingängen folgende zwei Werke hervor: Eine Schrift über Costa-Rica von Paul Biolley, deutsch von Dr. H. Polakowsky, die eine sehr eingehende, unparteiische Schilderung des Landes giebt, begleitet von einer guten Karte desselben. Das andere ist eine Sammlung von Bergprofilen, welche während der Afrika-Expedition des Grafen Teleki in 1887—88 vom Ritter von Höhnel aufgenommen sind. Sie betreffen die Route von Pangani an der Sansibar-Küste $5\frac{1}{2}^{0}$ s. B. nach Norden zum Kilimandscharo und dann die Reihe kleiner Seen verfolgend, welche sich unter dem Meridian 36^{0} ö. Gr. von der Grenze des deutschen Ostafrika nach Norden ziehen und unter 5^{0} n. B. mit dem grossen Rudolf-See und kleineren Stefanie-See endigen.

Der Vorsitzende ertheilt dann dem Herrn C. W. Rosset aus Berlin das Wort zu dem angekündigten Vortrage »über seinen zweijährigen Aufenthalt bei den Wilden Indochinas und seine Erlebnisse am Mekhong-Flusse.« — Redner hat in den Jahren 1887—90 die noch fast ganz unbekannten Gebiete nördlich vom französischen Kochinchina, zwischen dem Mekhong-Fluss und dem Anamitischen Küstengebiete, in ethnographischem Interesse bereist. Das Land erhebt sich vom Mekhong östlich in Terrassen, deren höchste etwa 100 km von der Ostküste entfernt, mit der letzteren parallel läuft. Durchzogen werden diese Landschaften von zahlreichen Flüssen, die theils zum Mekhong, theils zu dem bei Saigon in breitem Delta mündenden Donnai gehen. Das Klima zeigt grosse Extreme; vom Mai bis November ist Regenzeit, vom Dezember an herrscht eine ausserordentliche Dürre, die zahlreiche Prärie- und Waldbrände zur Folge hat. Mit dem Hochwasser der Regenzeit finden sich grosse Schaaren schmackhafter Fische ein, die den Mekhong und dessen Nebenflüsse hinaufziehen und den Anwohnern eine willkommene Speise liefern. Die überschwemmten Ufer geben später reiche Ernten an Reis und Mais. In der

Zeit der Dürre steigt in den Thälern die Temperatur bei Tage bis 35° R, fällt des Nachts bis 20°, in der Regenzeit beträgt die höchste Temperatur ca. 25° R. Dichte Urwälder begleiten die Flüsse, dazwischen finden sich Lichtungen mit hohem Chinagras bestanden. In den Wäldern sind viele nutzbare Bäume, unter anderen eine Art Oelbaum, dessen Oel zur Herstellung von Farbstoffen, Lichtern und Seifen sowie zur Oelung der Schiffe Verwendung findet. An Jagdthieren sind zu nennen Nashorn und Elefant, Tiger, Leopard, Bär, Fuchs, Schakal und Zibetkatze, wilde Büffel, Stachelschweine und Affen, Wildschweine und Hirsche, viele Hühner, Fasanen, Pfauen. Lästig sind dem Menschen die Ameisen, Moskitos und Blutegel. Von Völkerschaften in dem vom Redner durchwanderten Gebiete nennt derselbe die Stieng, Benong, Moi, Nhong und Ahong, sämmtlich zwischen dem 11. und 13. Parallel wohnend; es handelt sich demnach um das dem Unterlauf des Mekhong naheliegende Bergland. Jene Stämme hält Redner für die Urbewohner des Landes und auch die Malaien der ostindischen Inselwelt (Sunda-Inseln u. a.) scheinen ihm von dort ausgegangen zu sein. Redner legt diverse Schmucksachen, Ohrgehänge, Hals- und Armschmuck, aus Glasperlen und Muscheln geschmackvoll gearbeitet, vor; von ihm selber aufgenommene Photographien gaben eine gute Vorstellung von dem ansehnlichen Aeusseren dieser Menschenrasse.

Zum Schluss macht der Sekretär Herr Friederichsen auf eine im Saale aufgestellte Tafel aufmerksam, auf welcher durch Herrn Dr. van Bebber Photographien von sämmtlichen 18 Hochwetterwarten Europas zusammengestellt und einige auf dem Pic du Midi und Puy de Dôme genommene Photographien von tiefer lagernden Wolkenschichten als besonders charakteristische Erzeugnisse jener Stationen beigefügt sind. Diese Tafel soll demnächst vervielfältigt und im Buchhandel veröffentlicht werden.

158. Ausserordentliche Sitzung. 29. November 1890.

Vorsitzender: Herr Senator Adolph Hertz.

Die Sitzung war zu Ehren des Herrn Dr. Fridtjof Nansen veranlasst worden, der sich erboten hatte, über seine Durchquerung Grönlands im Jahre 1888 zu berichten, und fand unter zahlreicher Betheiligung von Damen in der Aula des Johanneums statt.

Der Vorsitzende eröffnet die Sitzung um 7½ Uhr, indem er den Gast mit folgenden Worten begrüsst: »Hochansehnliche Versammlung! Der Geographischen Gesellschaft hat es seit ihrem Bestehen nicht gefehlt an belehrenden und interessanten Mittheilungen über viele Theile der Erde und zumal über solche, welche durch kühnes Eindringen geographischer Forscher erst neuerdings der Erdkunde erschlossen worden sind. Auch über den hohen Norden hat sie zu Zeiten schätzenswerthe Schilderungen empfangen — aber noch niemals ist ihr und (bis vor Kurzem) irgend einem Sterblichen Kunde geworden aus dem Herzen des eisigen Grönlands. Die Erforschung eines solchen Landes, in welchem der Reisende zwar nicht mit menschlichen Feinden, aber wohl mit den schlimmeren Feinden, den Elementen zu kämpfen hat, wo er der Einsamkeit und Verlassenheit preisgegeben, lediglich auf sich angewiesen ist, erfordert einen ganzen Mann:

einen Mann von Kraft und Gewandtheit, von Opferwilligkeit und Begeisterung für sein Ziel, von klarem Geist und unwandelbarem Muth. Ein solcher Mann, ein Sohn des von Allen, die es kennen, geschätzten und geliebten Norwegens, weilt heute in unserer Mitte, und es wird mir die dankbare Aufgabe zu Theil, Namens der Geographischen Gesellschaft ihn, den kühnen Durchquerer Grönlands, Herrn Dr. Fridtjof Nansen zu begrüssen und herzlich willkommen zu heissen. — Aus seinem Munde eine Schilderung seiner Erlebnisse und der eisigen Einöde, die vor ihm noch keines Menschen Fuss durchschritten hat, zu vernehmen, wird uns Allen zur Belehrung und zum Genuss, der Geographischen Gesellschaft zur hohen Ehre gereichen.«

Alsdann betrat Herr Dr. Fridtjof Nansen, mit lebhaftem Beifall empfangen, die Rednerbühne.

Derselbe giebt einleitend eine Geschichte der wiederholten Auffindung und Besiedelung Grönlands, sowie der in jüngster Zeit gemachten Versuche, ins Innere einzudringen. Von letzteren sind erwähnenswerth 1) die Expedition des dänischen Kapitän Jensen 1878, der auf $62^{3}/_{4}{}^{0}$ n. Br. etwa 75 km weit ins Innere eindrang; 2) die Expedition des bekannten Polarforschers Baron Nordenskjöld, der 1883 auf $68^{1}/_{2}{}^{0}$ n. Br. selber über 110 Kilometer weit vordrang und zwei ihn begleitende Lappen noch weiter gehen liess. Letztere wollen dabei noch über 200 km weit gekommen sein, was Redner aus verschiedeneh Gründen für eine unabsichtliche Ueberschätzung ansicht; 3) die Expedition des Amerikaners Peary 1886, der auf $69^{1}/_{2}{}^{0}$ n. Br. vielleicht 160 km weit eindrang. — Alle diese Vorstösse ins Innere waren von der Westküste aus gemacht worden. Redner hatte von seinem eigenen Unternehmen günstigere Resultate erhofft, weil er einmal sich auf solche Theilnehmer beschränken konnte, die sich aufs Skielaufen (Schneeschuhlaufen) verstehen, und vor Allem, weil er seinen Versuch von der Ostküste aus unternahm. Denn jedes Eindringen von West erfordert, selbst bei vollständiger Durchquerung, stets eine Rückkehr nach W, um die Heimkehr nach Europa zu ermöglichen, die von der fast menschenleeren und für die Schiffahrt schwer zugänglichen Ostküste aus nicht erhofft werden darf. — Die Expedition setzte sich zusammen aus dem Redner als Chef, dann Kapt. Sverdrup, 2 Lappen und 2 anderen Begleitern. Auf dem Robbenfänger »Jason« gelangten sie bis nahe an die Ostküste Grönlands unweit Cap Dan unter $65^{1}/_{2}{}^{0}$ n. Br., wo sie die »Jason« verliessen, um mit ihren 2 Böten durch das Treibeis hindurch die Küste zu erreichen. Doch dies gelang ihnen nicht, eine Beschädigung an dem Hauptboot, die ausgebessert werden musste, veranlasste einen verhängnissvollen Verzug, die launenhafte Strömung des Meeres trieb das Boot mit dem Eise weiter vom Lande ab, und 12 Tage lang wurde die Expedition, die Böte bald auf einer Eisscholle, bald zwischen den Eisschollen treibend, willenlos nach S entführt bis $61^{1}/_{2}{}^{0}$ n. Br., wo es ihr endlich gelang, sich nach dem Lande durchzuarbeiten, 4 volle Breitengrade südlicher als die Landung ursprünglich geplant war. Am 29. Juli wandte sich nun die Expedition, um wieder eine höhere Breite zu gewinnen, unter dem Schutz der Küste nach N, mühsam auch hier durch das Treibeis sich den Weg bahnend. Nach 2 Tagen traf man auf ein Lager von ca. 70 Eskimos, das aus zwei Partien bestand, beide auf der Reise begriffen, die einen südwärts nach den dänischen Kolonien am Kap Farwell, die andern heimwärts nach Norden. Wie Redner in Erfahrung gebracht, ist jene erstere Partie erst in diesem Jahre, im Sommer 1890, also nach 2 Jahren an ihrem Ziele angelangt, um sofort wieder, nach Einkauf des unentbehrlichen Schnupftabakes, vielleicht nach kaum ½stündigem Aufenthalt in der Kolonie, heimwärts sich nach Norden zu wenden. Die Hoffnung von diesen Eingeborenen im Vordringen nach N durch Rath und That unterstützt zu werden, erfüllte sich nicht. Nachdem dieselben 2 Tage den Böten der Expedition in deren Kielwasser gefolgt waren, gaben sie wegen der schwierigen Eisverhältnisse schon das weitere Mitziehen auf und gingen ans Land. Unter 63⅓° nördlicher Breite wurden noch einmal Eskimos angetroffen und am 10. August bei Umivik auf 64½° die Bootfahrt definitiv beendet. Eine 24stündige Rekognoscirungstour landeinwärts liess die Stelle für das Vordringen günstig erscheinen, und am 15. August wurde mit 5 Schlitten der Aufstieg ins Innere begonnen, nachdem die Böte an einem sicheren Ort in einer Gebirgschlucht versteckt und darunter ein kleines Depot von Schiessbedarf angelegt worden war. Der auf die Schlitten vertheilte Proviant bestand aus Fleischkonserven, Hartbrot, Erbswürsten, Butter, Käse, Chokolade, Thee, Kaffee, Zucker, kondensirter Milch, Fleischpepton, Preisselbeeren u. A. m. — Tabak gab es nur Sonntags für jeden Mann eine Pfeife voll. Trinkbranntwein wurde gar nicht geführt. Zum Schmelzen des Schnees und Kochen war ein Kochapparat und Brennspriet vorhanden. Schneeschuhe, Taue, Aexte, Stöcke, 2 Gewehre mit Munition, Schneebrillen, Messer, Tassen, ein Sextant, ein Theodolit, Barometer, Thermometer, Kompasse, ein Photographenapparat, ein Zelt, 2 Schlafsäcke aus Renthierfell, Kleider und Schuhzeug vervollständigten die Ausrüstung. Die Belastung der Schlitten betrug je ca. 100 kg, ein grösserer, von dem Chef und Kapitän Sverdrup gezogen, trug eine doppelte Last. — Die nordwestliche Richtung, die die Expedition anfangs einschlug, um Christianshaab an der Westküste zu erreichen, musste widriger Winde wegen aufgegeben werden, und von dem 25. Parallel aus wurde in der Richtung West zu Süd auf die Kolonie Godthaab zugesteuert. Einige Tage mussten wegen Schneesturmes im Zelte zugebracht werden; dann ging es in gleichmässigen Tagesmärschen weiter. Trinkwasser musste aus Schnee geschmolzen werden, theils im Kochapparat, theils in Blechdosen, die unter der Kleidung auf der Brust getragen wurden. Bei veränderter Richtung des Weges konnte der Wind zeitweilig zum Segeln benutzt werden: 2 resp. 3 Schlitten wurden dazu aneinander gekoppelt, und Segel darauf angebracht. Bei losem Schnee ging die Mannschaft auf Schneeschuhen. Der Anstieg ging bis zur Höhe von 2800 m; aber im Innern bot das Plateau den Anblick eines gefrorenen Meeres ohne sichtliche Abdachung. Für die niedrige Temperatur reichten die Quecksilberthermometer nicht aus, sie betrug gewiss nahe an — 50° C, denn das Minimum-Thermometer war im Zelte, wo die sechs Menschen sich aufhielten und der Kochapparat in Thätigkeit war, weit unter — 40° C gefallen. Die Temperatur von ca. — 20° an der Westküste erschien später ganz sommerlich. Durch einen Schneesturm wurden einmal Schlitten und Zelt, letzteres mit seinen Insassen, ganz in Schnee verschüttet und mussten herausgegraben werden. Die lustigste Schneeschuhfahrt machte die Expedition, als sie beim Abstieg nach W mit Hilfe von Segeln und Schneeschuhen durch den Ostwind in rasender Eile vorwärts getrieben wurde. Näher zur Westküste wurden die gefährlichsten Gletscherspalten, wie auch früher nahe der Ostküste, angetroffen, so dass der Chef der Expedition auf Schneeschuhen voraneilte, um das Eis zu untersuchen und vor Gefahr zu warnen. Mehrere Male entging der Zug nur mit knapper Noth dem Absturz in die Tiefe. Am 24. September wurde das Küstenland am Ameralikfjord erreicht. Hier wurde aus Segelleinen, Schneestöcken, mitgebrachtem Bambusrohr und dort einheimischem Weidengestrüpp ein Boot gebaut. Die Schlitten waren auf dem Inlandeis zurückgelassen worden, auch Ruder wurden aus Weidenzweigen und Segelleinen gefertigt. Dann machten der Chef und Kapitän Sverdrup sich mit dem Boot auf nach Godthaab, während die übrigen die zurückgelassene Bagage zur Küste holten. Erstere mussten aber einen Tag lang ihr Boot den schlammigen Fluss, den sie für fahrbar gehalten, entlang tragen, kamen erst am andern Tage in offenes Wasser im Fjord und fuhren nach dem Missionsplatz Ny Herenhut und von hier am 3. Oktober nach Godthaab. Erst am 12. Oktober konnten die zurückgelassenen Gefährten mit Hülfe von Eskimos abgeholt werden. — Dr. Nansen's Wunsch, noch im selben Jahre nach Europa zu kommen, wurde nicht erfüllt, da der einzige in Grönland noch anwesende Dampfer der späten Jahreszeit wegen nicht mehr Godthaab anlaufen konnte. Derselbe brachte jedoch die erste Nachricht von dem glücklichen Verlauf der Expedition nach Europa, und im April 1889 bewerkstelligte ein dänischer Dampfer die Heimkehr. — Durch diese Expedition ist erwiesen, dass in der durchschrittenen Breite Grönlands das Inlandeis eine zusammenhängende Decke von Küste zu Küste bildet und keine schneelosen Oasen vorhanden sind, nicht einmal kahle Felsen den Schnee überragen. Der grossen Gletscher wegen an der Westküste bis 75 ° nach N ist auch bis in diese Breite ähnliches Inlandeis zu vermuthen, bedarf aber der Bestätigung. Ein nach den Höhenmessungen der Expedition angefertigtes Profil, also ein Querschnitt durch das Inlandeis, lässt die Eisoberfläche als Kurve erscheinen, die abgesehen von den steil abfallenden Enden, einem Kreisbogen sehr nahe kommt, dessen höchster Punkt etwas näher der Ost- als der Westküste liegt. Um die wahrscheinliche Dicke der Eisdecke Grönlands sich vorzustellen, liegt es nahe, das an den Küsten ähnlich wie Grönland gestaltete Norwegen zu vergleichen. Sind die Thäler Grönlands unter dem Eise, wie anzunehmen ist, ähnlich den norwegischen von geringer Meereshöhe, so resultirt für die Eisdecke Grönlands über dessen Thälern eine Mächtigkeit von 1000—2000 m. — Die Oberfläche der Eisdecke ist lockerer Schnee, nur im Sommer durch oberflächliches Schmelzen eine dünne Eiskruste bildend; Eisstöcke von 2 m Länge erreichten noch nicht das untere feste Eis. — Die Lufttemperatur zeigt als Monatsmittel für September 30—35 ° C Kälte, d. i. 20 ° tiefer als normal für diese Breite; das Jahresmittel lässt sich aus den vorhandenen Daten zu — 25 ° C berechnen, das Monatsmittel für den Januar auf — 40 °, für den Juli auf — 10 ° C. Da die britische Polarexpedition unter Kapt. Nares im nördlichen Grönland — 58 ° C an der Küste beobachtete, so ist anzunehmen, dass dort im Innern die Temperatur wie im sibirischen Kältepol auf mindestens — 65 ° C sinkt, sodass man in dem Innern Grönlands einen zweiten Kältepol statuiren kann. — Die Luftfeuchtigkeit über dem Inlandeis hat meist 90—100 pCt.; unter 40 Tagen waren 4 Regentage, an 1 Tag fiel Hagel, an 11 Schnee, dieser fein, staub- oder nadelförmig, die Luft halb durchsichtig, die Sonne mit Hof und Nebensonnen. — Wegen der feuchten kalten Luft ist das Verdunsten des

Eises an der Oberfläche unbedeutend, das weitere Wachsen der Eisdecke scheint durch Abschmelzen in der Tiefe, nahe dem Erdboden, verhindert zu werden. Dieses Schmelzwasser entweicht nach der Küste durch Kanäle, durch den gewaltigen Druck der Eismassen hervorgepresst, und erhält durch diesen Druck wohl eine grosse Erosionskraft. — Jedenfalls kann die weitere Durchforschung des Innern Grönlands, in höheren Breiten besonders, der Wissenschaft noch grosse Dienste leisten.

Nachdem Redner unter lebhaftestem Beifall seinen Vortrag beendet hatte, dankte der Vorsitzende, Herr Senator Ad. Hertz, demselben, indem er sich mit folgenden Worten an die Versammlung wandte: »Der Beifall, den Sie, hochverehrte Anwesende, dem Redner gezollt haben, berechtigt mich zu der Annahme, dass Sie mit mir das Gefühl der Bewunderung über die uns soeben geschilderte Reise und für den kühnen Reisenden, der sie vollbracht hat, theilen. — Wohl selten ist eine Reise besser und kühner geplant gewesen, meisterhafter durchgeführt und mit mehr Bescheidenheit erzählt worden. Namens der Geographischen Gesellschaft und aller Anwesenden erlaube ich mir, Herrn Dr. Fridtjof Nansen aufrichtigen Dank für seinen ausgezeichneten Vortrag auszusprechen«.

159. Sitzung. 4. Dezember 1890.

Vorsitzender: Herr Senator Adolph Hertz.

Zwei neue Anmeldungen zum Eintritt liegen vor.

Der Sekretär Herr Friederichsen macht Mittheilung von dem am 3. d. erfolgten Tode des Ehrenmitgliedes der Gesellschaft, des Kartographen Prof. Dr. Herm. Berghaus in Gotha. Derselbe war am 16. November 1828 in Herford geboren und hatte zusammen mit A. Petermann und Henry Lange seine kartographische Ausbildung auf der derzeitigen Potsdamer Kunstschule seines Oheims, des Prof. Dr. Heinrich Berghaus, des Zeitgenossen Alex. v. Humboldts und Karl Ritters, genossen. 1850 trat Herm. Berghaus als Mitarbeiter in die Perthes'sche Geographische Anstalt ein, welcher er volle 40 Jahre in seltener Treue und Schaffenskraft angehört hat. Redner, der jahrelang Kollege des Verstorbenen in der Perthes'schen Anstalt gewesen, schildert dessen bescheidenes, anspruchsloses Wesen, das ihn äusserlich wohl als Sonderling erscheinen liess, der sich nur in seinem Wirkungskreis wohl fühlte und selten aus seinem Arbeitszimmer heraustrat, um sich in der Welt umzusehen, dabei aber geistig höchst bedeutend, talentvoll und anregend war. Charakteristisch für seine Arbeiten ist die mathematisch-physikalische Auffassung der Erdkunde, wie sie sich in seinem Hauptwerk, dem von seinem Oheim und Lehrer in 1836 begründeten und jetzt in dritter Auflage fast vollendeten, ganz neu bearbeiteten »Physikalischen Atlas« dokumentirt. Dieser enthält 75 Grossfolio-Karten mit mehreren hundert Darstellungen aus den Gebieten der Geologie, Hydrographie, Meteorologie, des Erdmagnetismus, der Völkerkunde, Pflanzen- und Thier-Verbreitung, und hat in der Wissenschaft hochgeschätzte Männer zu Mitarbeitern, wie Neumayer, Drude, Gerland, Hann, Hartlaub, Marshall, v. Zittel. Von anderen Arbeiten des Verstorbenen sind hervorzuheben seine »Chart of the World«, welche bereits 11 Auflagen erlebt hat, ferner viele Karten zu den Stieler'schen Atlanten, Spezialkarten der Alpen, lange bevor er, 53 Jahre alt, dieses Gebirge aus eigener Anschauung kennen lernte. Redner bittet, dem Verstorbenen ein ehrendes Andenken zu bewahren, und ersucht um die Ermächtigung, der Firma Justus Perthes in Gotha die lebhafte Theilnahme der Gesellschaft übermitteln zu dürfen, in deren Namen er bereits einen Lorbeerkranz für das Grab des Verewigten angewiesen habe. Der Vorsitzende und die Versammlung stimmt Dem von ganzem Herzen zu. — Herr Friederichsen referirt alsdann über die diesjährige Expedition des französischen Kolonialbeamten J. Cholet innerhalb des französischen Kongogebietes und über die Erforschung des schiffbaren Sanga, eines im deutschen Kamerungebiete entspringenden und unter 1^{0} s. Br. zwischen dem Alima und dem Ubangi in den Kongo mündenden Flusses durch denselben. Im Anschluss daran erwähnt Redner der energischen Bestrebungen der Franzosen in das Hinterland des Kamerungebietes einzudringen, um sich anscheinend eine Land-Verbindung Algeriens mit dem französischen Kongogebiet zu sichern. An der Hand der im Novemberheft der Proceedings of the Royal Geographical Society in London publizirten Karte zur Veranschaulichung der Vertheilung Afrikas unter die europäischen Kolonialmächte, macht Redner auf die in dieser Karte zur Anschauung gebrachten Besitzverhältnisse aufmerksam, welche unter Anderem nicht nur die einstmalige egyptische Aequatorial-Provinz, sondern auch Kordofan und Dar For in die britisch-ostafrikanische Interessensphäre hineingezogen darstelle. Als unabhängig seien auf dieser die Auffassung der maassgebenden englischen Kreise charakterisirenden Karte nur folgende Gebiete verzeichnet: Marokko, die östliche Sahara im Süden von Tripoli, Liberia, Kanem, Wadai, Bagirmi und das Hinterland von Kamerun im Süden der ebengenannten 3 Sudanstaaten.

Ueber eine Broschüre des Freiherrn v. Benko, betitelt »Das Datum auf den Philippinen«, referirt Herr Dr. Michow. Zweck der Schrift ist, einen angeblich weit verbreiteten Irrthum zu beseitigen, als ob noch jetzt wie früher auf den Philippinen ein anderes Datum geführt werde als im übrigen Ostasien. Referent gibt eine historische Begründung, wie die Philippinen, auf dem westlichen Wege durch und für die Spanier gefunden, zu dem sogenannten »östlichen Datum«, welches gegen das »westliche« um einen Tag zurückbleibt, gekommen sind, wie jenes aus praktischen Gründen beibehalten wurde, so lange der Verkehr nach den Philippinen ausschliesslich vom spanischen Amerika ausging. Als nach Eröffnung der chinesischen Häfen der Verkehr mit den ostasiatischen Küstenländern lebhafter wurde, stellte sich das Bedürfniss heraus, die Datirung in Ostasien einheitlich zu gestalten; es wurde deshalb durch offizielle Verordnung in Manila das Jahr 1844 um einen Tag gekürzt, indem man auf Montag d. 30. Dezember 1844 sofort Mittwoch d. 1. Januar 1845 folgen liess. Wenn nun die Benko'sche Schrift diese Umdatirung von 1844 glaubt in Erinnerung bringen zu müssen, so wird sie sich vielleicht mit Recht an die Adresse unserer grossen Konversations-Lexika wenden können, denen jene Umdatirung unbekannt geblieben zu sein scheint, während dieselbe im praktischen Gebrauch sich längst eingebürgert hat und, abgesehen von einigen älteren historisch-geographischen Schriften, sowohl in geographischen Handbüchern, als auch in den modernen verkehrsgeographischen, wie physikalisch-geographischen Werken als zu Recht bestehend ausdrücklich angeführt wird. Es ist deshalb jener Schrift nicht die Wichtigkeit beizumessen, die der Verfasser selber durch Herbeiziehung offizieller Dokumente ihr hat geglaubt vindiziren zu müssen.

Alsdann erhält Herr Dr. Polakowsky aus Berlin das Wort zu seinem angekündigten Vortrage »Ueber die heutige Lage der Staaten Mittelamerikas«. Redner führt Folgendes näher aus: Mittelamerika verdankt seine weltgeschichtliche Bedeutung seiner Lage zwischen den Weltmeeren und der Möglichkeit, letztere vermittels einer Wasserstrasse in offene Verbindung zu setzen. Diesem Umstande verdankt es auch seine genaue Durchforschung. Zwischen Osten und Westen besteht in den Naturverhältnissen ein grosser Unterschied; der Osten ist ziemlich menschenleer, mit Urwald bedeckt. Werthvoll sind die mehr westlichen und zentralen Hochebenen, die ein für Europäer gesundes Klima haben; doch auch die Ostseite kann nutzbar gemacht werden durch Verbesserung der Wasserläufe, Trockenlegen von Sümpfen, Bewässerungsanlagen und dergleichen. Unglaubliche Massen fruchtbarsten Humus führen die Flüsse in ihrem ungezügelten Laufe ins Meer. — Die Regierungsform der dortigen Staaten ist die Republik, nach dem liberalen Muster der Nordamerikanischen Union, doch ist die praktische Gestaltung der Regierungsform meist eine sehr abweichende. Die Betheiligung an den politischen Wahlen ist wegen grosser Indolenz sehr gering, auch sind die Wahlen nicht so frei, wie sie nach der Verfassung sein sollten. Die Bevölkerung ist nicht reif für eine freie Verfassung und steht sich am besten unter der Diktatur, falls nur ehrenhafte Männer dieselbe ausüben. Wo in Folge Einwanderung das weisse Element überwiegt, wie in Costa Rica, da sind die politischen Zustände besser, der Sinn für Ordnung grösser. Die Einnahmen fliessen vornehmlich aus Besteuerung des exportirten Kaffees, sowie aus dem Tabaks- und Branntwein-Monopol. Das Land hat einen sehr fruchtbaren Ackerboden, ferner reiche Waldungen, deren Verwerthung freilich schwieriger ist, dazu ausgedehnte Erzlager. — Bei einem Areal von 445 000 qkm hat Mittelamerika gegen 2 900 000 Einwohner, von denen der grössere Theil (ca. $^1/_3$) Indianer sind. In Zeiten der Noth waren die Staaten Mittelamerikas auch wohl einig, um die Uebergriffe Fremder zu hindern; sonst waren sie aber meist unter einander entzweit; die jüngst geplante Einigung in Gestalt einer Föderativ-Republik ist durch die Revolution in Salvador wieder einmal vorläufig unmöglich gemacht und der Rassenhass zwischen Nord und Süd nur noch verstärkt worden. Auch würden durch die Vereinigung einzelne Staaten benachtheiligt werden, wie Costa-Rica, dessen europäischer Kredit, nur solange es allein dasteht, seine jetzige Höhe bewahren dürfte. — In Guatemala wird fleissig Ackerbau getrieben, Kaffee, Kakao von vorzüglichster Güte, auch Fieberrinde und Kautschuk gebaut. Mais und Bohnen sind das dortige tägliche Brot. Der Export betrug in 1889 13$^1/_4$ Millionen Pesos (fast nur Kaffee); am Import, im Betrage von 7$^1/_2$ Millionen Pesos, war Englang mit 1$^1/_2$, die nordamerikanische Union mit 1$^1/_3$, Deutschland mit $^3/_4$ Millionen Pesos betheiligt. Der Kaffee ist vorzüglich, er erhielt auf der Pariser Ausstellung 1889 nur Erste Preise. — Der Staat Honduras, 125 000 qkm Areal und 333 000 Einwohner fassend, ist besonders reich an nutzbaren Mineralien, deren Ausbeute durch liberale Gesetze erleichtert wird. Viele Amerikaner aus der Union haben Minen-Gesellschaften gegründet; aber grosse Kapitalien sind zum Betriebe nöthig, weil es in den mineralreichen Gegenden an Arbeitern nnd an Wegen fehlt. Eine Spezialität sind rothe Opale von herrlicher Pracht. Der Export, vor Allem in Silber und Bananen, dann Indigo, Sarsaparillawurz, Hölzern, Kokos, betrug in 1889 ca. $3\frac{1}{2}$ Millionen Pesos, wovon nichts nach Deutschland ging. — Der Staat Salvador hat ein Areal von nur 20 000 qkm und 600 000 Einwohner, d. i. die grösste Volksdichte im ehemalig spanischen Amerika, und eine sehr entwickelte Industrie. Im fruchtbaren Thale des schiffbaren Rio Lempa wird Ackerbau getrieben, auch Bergbau im Hochlande, doch die Verkehrswege sind mangelhaft, und die letzte Revolution hat alle Arbeitskräfte absorbirt. Das Land leidet unter Erdbeben. Exportirt wird für $3\frac{1}{3}$ Mill. Pesos, meist Kaffee, dann Indigo und Edelmetalle. — Der Staat Nicaragua hat 133 000 qkm Areal und 300 000 Einwohner. Das Land hat reiche Erzminen, aber es fehlt auch hier an Wegen und Arbeitern; doch mehrere englische Minengesellschaften arbeiten mit gutem Erfolg. In den fruchtbaren Ebenen baut man Kaffee, Kakao, Indigo und Zucker. Ausserdem werden exportirt Kautschuk, Gelbholzextract, Häute, im Ganzen für 2 Millionen Pesos, davon $\frac{1}{4}$ Millionen nach Deutschland. Der Staat hat geordnete politische Zustände, die frühere Eifersucht gegen Costa Rica ist beigelegt, was für den Kanalbau von Wichtigkeit ist, und im Kanal liegt die Zukunft des Landes. Die Arbeiten am Nicaragua-Kanal sind längst im Gange, werden aber nur langsam betrieben, nicht etwa weil Geld fehlt, sondern weil Verhandlungen schweben zwischen der Union und der Kanalgesellschaft, welche bezwecken, dass die Union das Privilegium der Gesellschaft abkauft und den Kanal fertig stellt. Jedenfalls ist vor Ablauf des Jahrhunderts die Durchführung des Kanalprojektes zu erwarten. Doch hat die Anlage auch ihre Bedenken; von Zeit zu Zeit erschüttern Erdbeben den Boden, was immerhin dem Kanale verhängnissvoll werden kann; dann soll der Rio San Juan von seinem Ausfluss aus dem Nicaragua-See bis halbwegs nach der Mündung aufgestaut werden, bis zur Höhe des Sees selbst, zu $33\frac{1}{2}$ m Meereshöhe. Dadurch werden die Seitenthäler und Uferstrecken weithin unter Wasser gesetzt werden und wohl grosse Entschädigungen gezahlt werden müssen. Ohne letztere sind die Kosten auf 90 Millionen Dollars berechnet worden, mit denselben werden sie wohl 200 Millionen betragen. Die Kanalstrecke läuft 273 km weit, von denen nur 64 auszuheben sind, der Rest durch den See und den San Juan-Fluss gebildet wird. — Die letzte der fünf Republiken, Costa Rica, hat 52 000 qkm und über 200 000 Einwohner. Die Bevölkerung ist arbeitsam und ehrenhaft, hat Sinn für Ordung und Gesetzlichkeit; die Weissen dominiren, reine Indianer sind wenige. Gegen Fremde herrscht keine Eifersucht und kein Misstrauen; auch ist C. R. Dank der isolirten Lage von den Bürgerkriegen der anderen Republiken verschont geblieben. Gute Strassen sind bereits angelegt worden, und vielfach bietet sich gute Gelegenheit zu Ansiedelungen. Auch wird die Einwanderung von oben her gefördert, doch ist dem Fremden Vorsicht zu empfehlen, da nur mittelmässiges Land billig und gern abgegeben wird. — Der Handel Mittelamerikas mit Deutschland steigt; die Statistik des Exportes dahin ist unsicher, weil viel über Holland und England geht; der Import von 3 Millionen in 1874 ist auf 14 Millionen in 1889 gestiegen. In Costa Rica nimmt Deutschland schon die dritte Stelle ein, hinter England und der Union. — Redner schliesst mit einem Rückblick auf die

Katastrophe des Panama-Kanales. Bekanntlich war dieser schon in 1888 auf einen Schleusenkanal reduzirt worden; die 1889 hingesandte Kommission hatte festzustellen, ob der Kanal noch zu retten sei. Es waren schon 1300 Millionen Fr. verbraucht, eine Milliarde wäre noch nöthig gewesen, um den Schleusenkanal fertig zu stellen; aber bis 1893, wo der Baukontrakt abläuft, war die Arbeit nicht zu beenden, und die Verhandlungen um Verlängerung waren resultatlos. Seit einem Jahre ruhen die Arbeiten, und das noch brauchbare schwimmende Maschinen-Material ist von der Nicaragua-Kanal-Gesellschaft bereits angekauft und übernommen worden.

Kassa-Bilanz für 1889.

	Einnahme:			
I.	Saldo von 1888			
	Bank-Saldo am 31. Dezbr. 1888	M. 1831.09		
	Kassa-Saldo » 31. Dezbr. 1888	» 682,81	M. 2513.90	
II.	Beiträge von Mitgliedern		» 5760.—	
III.	Zinsen		» 61.52	
IV.	Subvention der Finanz-Deputation		» 5000.—	
V.	Extraordinaria: Rückprämie		» 27.—	
				M. 13 362.42
	Ausgabe:			
I.	Für die »Mittheilungen« der Geogr. Gesellschaft 1887/88 und sonstige Drucksachen		M. 2913.25	
II.	für die monatlichen Sitzungen, Reisespesen und Honorare etc.		» 373.65	
III.	für die Bibliothek, Abonnements auf Journale		» 60.18	
IV.	für die Verwaltung		» 1690.—	
V.	Extraordinaria:			
	Vertretung a. d. VIII. Geographentag und Beitrag	M. 175.20		
	Ausschmückung des Kirchenpauer-Denkmals	» 30.—		
	Depesche an Emin-Pascha — Sansibar	» 84.70		
	Porti und Diversa	» 375.75		
			» 665.65	
	Saldo auf 1890:			
	Bank-Saldo	M. 7432.96		
	Kassa-Saldo	» 226.73		
			» 7659.69	
				M. 13 362,42

Mitglieder-Verzeichniss Ende 1890.

Vorstand.

Präsident: Senator **Adolph Hertz.**
Vice-Präsident: Prof. Dr. **R. Hoche.**
Erster Sekretär: **L. Friederichsen.**
Zweiter Sekretär: Admiralitätsrath **C. Koldewey.**
Kassirer: **W. Westendarp.**
Emil Güssefeld.
Senator **H. Roscher.**

Revisoren.

Otto E. Westphal.
J. Witt.

Beirath.

Dr. **C. Gottsche.**
F. J. H. Hansing.
Konsul **Fr. Hernsheim.**
Gymnasialdirektor **Hess**-Altona.
Schulrath **J. L. Mahraun.**
Dr. **H. Michow.**
Dr. med. **W. Oehrens.**
Prof. Dr. **F. Wibel.**
Otto E. Westphal.
J. Witt.

I. Ehrenmitglieder.

Andree Richard, Dr. Heidelberg .... Seit 1. Mai 1886.
Bastian, A., Geheimer Regierungsrath, Prof. Dr. Berlin. ...... » 7. » 1874.
Becker, M. A., Ritter von, Hofrath. Wien. .... » 4. März 1875.
Junker, Wilhelm, Dr. St. Petersburg .... » 7. Juni 1888.
Lange, Henry, Prof. Dr. Berlin .... » 1. Mai 1886.
Kiepert, Heinrich, Prof. Dr. Berlin. .... » 4. März 1875.
Negri, Cristoforo, Prof. Dr., Ehrenpräsident der Italienischen Geogr. Gesellschaft. Turin .... » 7. Mai 1874.
Neumayer, G., Geheimer Admiralitätsrath und Direktor der Deutschen Seewarte, Prof. Dr. Hamburg. .... » 3. Juni 1875.
Nordenskjöld, Freiherr **Erik von,** Prof. Stockholm .... » 5. Febr. 1880.
Palander, L., Marine-Kapitän. Stockholm .... » 5. » 1880.
Payer, Julius, Dr. Frankfurt a. M. .... » 4. März 1875.

Richthofen, Freiherr **Ferdinand von,** Prof. Berlin	Seit 7. Mai 1874.
Rohlfs, Gerhard, Hofrath, Dr. Godesberg	» 4. März 1875.
Schweinfurth, G., Prof. Dr. Kairo	» 4. Febr. 1875.
Stanley, Henry M., London	» 7. » 1878.
Wilczek, Graf **Hans von,** Excellenz, K. K. wirklicher Geheimrath. Wien	» 4. März 1875.

II. Korrespondirende Mitglieder.

Burmeister, H., Prof. Dr. Buenos Aires	Seit 7. Okt. 1875.
Cohen, Emil, Prof. Dr. Greifswalde	» 9. Sept. 1875.
Debes, E., Kartograph. Leipzig	» 1. Mai 1886.
Ernst A., Dr., Direktor des National-Museums. Carácas	» 8. Juni 1888.
Hesse-Wartegg, Ernst von, Tribschen-Luzern	» 4. Dez. 1879.
Holten, Hermann von. Cochabamba	» 5. Jan. 1882.
Keller, Richard, Kaiserlich Deutscher Konsul. Rufisque am Senegal	» 6. Nov. 1884.
Kubary, Johann. Konstantinshafen, Neu-Guinea	» 9. Sept. 1875.
Léonce, Richard. Bordeaux	» 9. » 1875.
Shillinglaw, John J. Melbourne	» 1. April 1880.

III. Ordentliche Mitglieder.

Abegg, Fr.
Achilles, C.
Ahlers, Jacob.
Ahlsberg, A., Dr., Oberarzt.
Albers-Schoenberg, A. II.
Aly, Paul, Dr. med.
Amsinck, J., Dr. med.
Amsinck, L. E.
Amsinck, M. G.
Amsinck, Wilhelm.
Andersen, C.
Andersen, Emil.
Antoine-Feill, Dr. jur. sen.
Arning, E. Dr. med.
des Arts, Henry.
Baasch, Ernst, Dr. jur.
Ballin, Albert, Direktor.
Bargen Chr. von.
Bartels, F. W.
Bauermeister, Karl.
Behn, Theodor, Dr. jur.
Beith, M.
Bercken, General von; Altona.
Berendt, M.
Berendt, F.
Bergner, Philipp.
Berkefeld, W.
Bessler, C.
Benkemann, W., Dr. ph.
Bieber, Franz Voguell.
Biebér, G. R.
Bieber, Theodor.
Bieling, Adolph.
Binder, Hermann.
Bippen, Arnold von.
Blab, Johann, Direktor.
Bleckwedel, C. H., Lehrer.
Blohm, G. H.
Blohm L. F.
Blumberger, J., Direktor.
Blumenthal, Aug.
Bock, Theodor.
Böhl, Joh. Friedrich.
Böhl, Ludwig.
Böhme, H. D.
Bötzow, G., Dr.
Bohlen, Ed.
Boldemann, Hermann.
Bollenhagen, Emil.
Booth, Arthur.

Booth, Oskar.
Booth, Stanley.
Borstelmann, J.
Brach, Rudolf.
Brackenhoeft, E. Dr. jur.
Brauss, Hermann.
Brieger, Carl.
Brock, Gustav.
Brohm, Walter.
Bromberg, A., Dr. jur.
Brückmann, Albert.
Bülau, G., Dr. med.
Büsch, Oskar.
Buhrow, P. G.
Burchard, O. J.
Burchard, Th.
Burmeister, H.
Calais, P., Dr. med.
Cammerer, Rud., Dr., Generalarzt. Altona.
Camp, Caesar de la.
Carr, Robert S.
Carstens, C. F. Konsul, Dockenhuden.
Caulier, B., Ingenieur.
Chaplin, Edward.
Clauss, Friedrich.
Clauss Wilhelm.
Cohen, B., Dr. med.
Cohen, Gustav G.
Cohn, Carl.
Colpe, Hermann.
Cordes, Albert.
Cordes, August C.
Cords, Julius.
Crasemann, Max, Dr. jur.
Crasemann, Rudolf.
Creutzburg, Ernst.
Dalchow, A, Reichsbankdirektor.
Dantès Fortunat, General. Port au Prince.
Dehn, Max, Dr. med.
Dellschaft, Hermann.
Derschau, Major von. Altona.
Dewitz, Hauptmann von.
Dieckmann, E. W.
Dieckmann, H. W. jr.
Diestel, G. L. F.
Dinklage, Kapt., Abtheilungs-Vorstand der Seewarte.
Dohrn, H, Hauptpastor. Altona.
Dollman, Carl J.
Dollmann, Carl Paul, Generalkonsul.
Donnenberg, Heinrich, Dr. jur.
Donner, K. Th., Dr. jur.
Drews, Hauptmann.
Dunker, Arthur, Direktor.
Duncker, Aug. Heinr. jr., Konsul.
Eckardt, Moritz.
Ecker, Otto, Dr.
Eggert, Carl.
Eichenberg, Paul.
Eisenlohr, C., Dr. med.
Elias, Emil.
Elkan, Eduard.
Elkan, W., Konsul.
Embden, B. E.
Embden, G. H., Dr. jur.
Enet, G. R.
Engel, Felix, Ingenieur.
Engel, Julius, Landgerichtsdirektor.
Ewald, Oskar von.
Falck, Martin.
Fischer, A., Dr. ph.
Fischer, G. W.
Fitzler, Johannes, Dr.
Fixsen, Johann Heinrich.
Föhring, H, Dr., Landgerichtsdirektor.
Fölsch, August.
Förster, August.
Friederichsen, Ludwig, Kartograph.
Friedlaender, Karl, Direktor Prof. Dr.
Fritz, Rudolf.
Gaiser, G. L.
Galles, P.
Gilbert, Hugo, Dr. ph.
Gleisner, M. W. F.
Godeffroy, A.
Godeffroy, C. jr.
Goedelt, C. M., Generalkonsul.
Goepel, Wilhelm, Bankdirektor.
Göpner, C., Direktor.
Goldenberg, Wilhelm, jr.
Goldschmidt, Martin.
Gorrisen, Arthur.
Gossler, Ernst.
Gossler, H., Dr. jur.
Gossler, John von Berenberg.
Gossler, Oskar, Dr. jr.
Gossler, Wilhelm, jr.
Gottsche, Carl, Dr. ph.

Gottsche, C. M., Dr. med. Altona.
Goverts, Wilhelm.
Graetz, August.
Grallert, Emil, Konsul.
Greibe, Carl.
Groenewald, E. B.
Gross, G., Dr. ph., Direktor. Bergedorf.
Grünewald, A.
Grund, Emil.
Gültzow, Albert.
Günter, G. H.
Günther, Lehrer. Altona.
Güssefeld, Emil.
Güssefeld, Otto, Dr. ph.
Gütschow, Anton.
Gütschow, Otto Julius.
Haas, Heinrich.
Hagen, Staatsanwalt. Altona.
Hager, Eduard.
Hahn, Ernesto.
Hahn, Louis.
Hamann, Ad. G. W.
von Hane, Alfred.
Hane, A.
Hansing, F. J. H.
Hansing, L. F.
Hansing, L. J. F.
Hannsen, A. F. C.
Harcke, L. F. C., Dr. jur.
Hartmeyer, E., Dr. jur.
Hartogh, M. H.
Hastedt, H. D., Architekt.
Haupt, Woldemar.
Hausenfelder, Schulinspektor.
Haustedt, F. D. A.
Hegemann. F., Kapitän.
Heinichen, A., Dr., Landgerichtsdirektor.
Held, Heinrich.
Helms, Hermann.
Hennings, Paul, Dr. med. Reinbeck.
Hensel, E., Postdirektor.
Herbst, L. F., Prof. Dr. ph.
Hermsen, Diedrich.
Hermsen, Theodor.
Hernsheim, Franz, Konsul.
Herrmann, M. A., Konsul.
Hertel, Ernst.
Hertz, Adolph, Senator.
Hertz, Adolph Jacob.
Hertz, G., Dr. jur., Senator.
Hertz, John E.
Hertz, Paul. Stade.
Hess, Gymnasialdirektor. Altona.
Hesse, G., jr.
Heuer, John H. A.
Heye, F. C. Th., Geheimer Kommerzienrath.
Heyne, Fritz.
Hinrichsen, M. W.
Hinrichsen, Siegmund, Präses der Handelskammer.
Hinsch, J. D.
Hirsch, Ph., Dr.
Hirsche, K. G., Dr. th., Senior.
Hoche, R., Prof. Dr., Oberbeamter der Oberschulbehörde.
Hoff, E., Oberlehrer.
Holten, A. von.
Holtzapfel, Eduard.
Homann, D. A.
Hooge, Carl.
Hübbe, O. J.
Hübbe, P. G., Direktor.
Hüpeden, Johannes.
Hüttner, H. O.
Jacobson, August.
Jahn, Gustav Jos.
Jannsen, Heinrich, Lehrer. Blankenese.
Jantzen, C. F. W.
Jencquel, G. A.
Illies, Carl.
Imray, James Frederick. London.
Joachim, C., Dr. ph.
Jordan, Julius.
Jorre, Ernst Heinrich.
Jorre, Hugo.
Josephson, C. M., Dr. jur.
Israël, John, Dr. jur.
Jürgens, A. C., Dr. jur., Sekretär d. Handelskammer.
Jungbecker, Regierungsrath.
Kaehler, Alex., Senator.
Kaehler, Pastor. Altona.
Kämp, R. H., Ingenieur.
Karuht, Carl.
Kayser, Alfred.
Kein, Woldemar, cand. phil.
Kellinghusen, A. H., Dr. jur.
Kelting, Theodor.

Kleinwort, Georg.
Knauer, G.
Knauer W., Senator. Altona.
Knobbe, General. Altona.
Koch, G., Dr. ph., Vorstand des Stat. Bureaus.
Koldewey, Carl, Admiralitätsrath.
Kraepelin, Carl, Prof. Dr., Dir. d. Naturhist. Museums.
Kraft, Ernst.
Kraft, Philipp, Lehrer.
Kramer, Otto.
Krauss, C. Th., Dr. Medizinalrath.
Krebs, Wilhelm, cand. phil.
Krieg, E., Dr. med.
Krieger, Geh. Oberfinanzrath. Altona.
Kroeplin, Franz, jr.
Krogmann, H.
Krogmann, J. F.
Krütli, G. R. A. F.
Krumbein, G.
Kühl, Geh. Rath, Oberpostdirektor.
Kugelmann, Ferdinand.
Kuhn, Gustav.
Lachmann, Julius.
Laeisz, C. Ferdinand.
Laeisz, C.
Lange, Caesar.
Lantzius, Otto.
Lau, H. F. W.
Lavy, Charles, jr.
Lehmkuhl, Ad.
Leisewitz, Wilhelm.
Leo, Carl, Dr. jur. Syndikus.
Leszczynski, von., General d. Inf. Exc. Altona.
Levinsohn, Martin.
Levy, Eduard, Generalkonsul.
Lion, Eugen.
Lippert, Ludwig.
Lipschütz, G.
Lipschütz, I.
Loesener, F.
Lomer, R., Dr. med.
Lomnitz, F., Dr. med.
Lubcke, A.
Lüders, C. W. Vorsteher des Museums für Völkerkunde.
Luis, Vincent.
Lund, J. G., Konsul. Teufelsbrücke.
Lutteroth, Arthur.
Lyon, Alfred.
Maack, Elert.
Maack, Joseph.
Maass, Ernst, Verlagsbuchhändler.
Magnus, S. Bergedorf.
Mahraun, J. L., Schulrath.
Marburg, Caesar.
Marcus Hermann.
Marquardt, L., Dr. ph.
Martens, G. H.
Martin, Rud., Dr. jur., Oberlandesgerichtsrath.
Matthiesen, F. E., Direktor.
Mayr, H. Julius.
Meinardus, Otto W.
Meinnolff, August.
Meisner, Carl.
Melchior, M.
Melle, Emil von, Senator.
Melle, W. von, Dr.
Merck, Kön. Bayer. Oberzollrath.
Merck, Ernst.
Merck, Richard.
Mestern, Robert J.
Meyer, Adolf August.
Meyer, H. C. Eduard.
Meyer, J. Arthur F.
Meyer, T. E. J.
Meyersberg, M.
Michael, C. B.
Michaelsen, Wilhelm.
Michahelles, Alfred.
Michow, Heinrich, Dr. ph.
Micolci, A., Dr. ph.
Miehe, Otto.
Mohrmann, J., Dr. jur.
Mönckeberg, J. Georg, Bürgermeister, Magnificenz.
Mönckeberg, Rudolf, Dr. jur.
Molinari, Ottomar.
Möring, C. P. F., Senator.
Moll, Eduard L.
Müller, Clemens.
Müller, Ernst.
Müller, H. A.
Müller-Beeck, F. G. Tokio.
Münchmeyer, A. jr.

Münchmeyer, H, Konsul.
Mutzenbecher, Freiherr Johannes von.
Neumayer, G., Geh. Rath, Prof. Dr., Dir. d. Seewarte.
Niebour, Th., Dir. der Navigationsschule.
Niemeyer, E.
Nissen, Waldemar, Lehrer.
Nölting, Emile, Generalkonsul.
Noodt, Valentin, Dr. ph., Direktor.
Nordheim, Louis.
Nowack, Hugo.
Oehrens, W., Dr. med.
Ohlendorff, Freiherr Albertus von.
Ollerich, H.
Oppenheim, Albert.
Oppenheim-Gérard, Georg.
Osenbrüg. A. Trittau, Holstein.
Osten, gen. Sacken, Freiherr von der, Hauptmann.
O'Swald. A. P. Generalkonsul.
O'Swald, Fritz.
O'Swald, William, Senator.
Ottens, F.
Otto, Moritz.
Panzer, Albert.
Paul, Johannes.
Pauly, C. August.
Pechner, Robert.
Pedraglia, C. A., Dr. med.
Petersen, C., Dr. jur. Bürgermeister, Magnificenz.
Petersen, G., Dr. jur.
Petersen, Johannes A., Dr. ph.
Pflüger, M., Dr. med.
Philipp, F., Dr. med.
Philippi, Hermann, Architekt.
Philippi, W. A.
Pickenpack, Paul, Generalkonsul.
Pickenpack, Vincent.
Pieper, Carl, Ingenieur.
Pieper, Oskar, Dr. ph.
Piglhein, Ludwig.
Pinkernelle, A. E.
Plass, H., Dr. med.
Pollacsek, J. A., Dr., Direktor.
Pontoppidan, E.
Pontoppidan, H. Generalkonsul.
Precht, W., Oberlehrer.
Prochownick, L., Dr. med.
Puttfarcken, Otto, Direktor.
Raeder, Ole Munch, Generalkonsul.
Rautenberg, Prof. Dr.; Direktor.
Redlich, C., Dr. ph., Direktor.
Refardt, J. F. C.
Reichwagen, L.
Reiners, W., Konsul.
Reinstorff, E., Prof. Dr. ph.
Renk, Carl. Harburg.
Repsold, Hermann.
Repsold. J. A., Dr. ph.
Repsold, J. Georg. Rio de Janeiro.
Repsold, Oskar.
Richers, W.
Richthofen, Heinr. Freiherr von.
Rintel, B., Dr. med.
Robertson, H.
Robertson, R. J.
Robertson, William.
Robinow, Carl.
Robinow, Hermann.
Robinow, J. A.
Röpe, G. H., Dr. th., Hauptpastor.
Rohde, Diedrich, Prof. Dr., Cuxhaven.
Rohlwes, F. W.
Roosen, B. C., Pastor.
Roosen, B. Otto, Architekt.
Roosen, Eduard.
Rosatzin, Franz, Direktor.
Roscher, H., Senator.
Rosenfeld, Louis.
Ross, D.
Rossin, Julius.
Rümker, G., Prof. Direktor der Sternwarte.
Ruperti, J.
Ruperti, Oskar.
Ruths, Valentin.
Sackermann, Emil.
Sauber, Hermann.
Schäffer, Bernhard.
Schäffer, Max; Dr. jur.
Schede, Kurt.
Schede, Max.
Schemmann, C. H., Senator.
Schemmann, Carl.
Schemmann, Gustav.
Schiffmann, Ludwig, Generalkonsul.

Schiller, Gustav. Frankfurt a. M.
Schittny, R., Oberzollinspektor. Wandsbeck.
Schläger, G.
Schlubach, Heinrich Adolf.
Schlüter, Franz C.
Schlüter, Julius D.
Schmid, Henry.
Schmidt, F. G.
Schön, C. A. W., Generalkonsul.
Schönfeld, Gustav.
Schrader, Joh. Hartwig.
Schramm, Max, Dr.
Schramm, Ernst W.
Schreier, C. W.
Schröder, Johannes, jr.
Schroeter, Franz, Dr. med.
Schück, A., Kapitän.
Schütt, Otto.
Schütt, Richard.
Schultess, Karl, Dr. ph.
Schultz, Theodor.
Schultz, Wilhelm.
Seebohm, Julius, Dr. jur.
Seligmann, Emil.
Seligson, Hermann.
Sieben, F. C.
Siemers, Edmund J. A.
Sieveking, W., Dr. med.
Sievers, Louis.
Sievers, W., Prof. Dr. Giessen.
Sieverts, R. C.
Simmonds, B.
Simon, George.
Sloman, Robert M.
Söhle, Martin, Dr.
Soellner, Adolf.
Sohst, Heinrich.
Sommer, Chr., Konsul.
Spihlmann, A.
Sprick, H.
Stade, C. Theodor.
Stahmer, J. F. T., Senator.
Stammann, O., Dr. jur., Senator.
Steinhaus, C. F., Ingenieur.
Stephan, E., Lehrer.
Sthamer, Richard, Dr.
Stohlmann, Paul Franz.
Stoltz, Hermann.
Strack, Adolf, jr.
Strack, Ernst L., Dr. med.
Strandes, Justus.
Stucken, Fr.
Stürcken, Otto, Dr. jur.
Sudeck, J. L.
Suhl, J. F. M.
Teichmann, A.
Tetens, A. F., Wasserschout.
Thien, J., Oberlehrer.
Thormählen, J.
Tietgens, Gustav W.
Tietgens, H. A.
Timm, A., Ingenieur.
Traun, Heinrich, Dr. ph.
Traun, Otto.
Tüngel, Emil, Dr. med.
Ulex, G. F.
Ulex, H., Dr. ph.
Ulrich, W., Dr. ph.
Versmann, J., Dr. jur., Bürgermeister, Magnificenz.
Villegas, Anibal, Generalkonsul.
Voller, August, Prof. Dr., Direktor.
Vorwerk, Ad.
Wagner, Hermann, Dr. ph.
Wappäus, A. H.
Warburg, Ferdinand.
Warburg, Max M.
Warburg, Moritz.
Warburg, Pius. Altona.
Warburg, S. R.
Watter, Alfred Freih. von.
Weber Georg.
Weber Justus.
Wedeles, Heinrich.
Weickhmann, H., Kapitän z. See.
Weissflog, Ad. Wilhelm.
Wellig, Th., Dr. ph.
Wencke, Fr.
Wentzel, A. E.
Westendarp, George, Ingenieur.
Westendarp, Wilhelm.
Westenholtz, Freih. von, Generalkonsul.
Westerich, C. A. Eduard.
Westphal, C. W. L.
Westphal, Otto E.
Wibel, F., Prof. Dr. Direktor.
Wichmann, E. H.

Wiedemann, H., Dr. med. Blankenese.
Wiengreen, Fritz.
Wiengreen, J.
Wille, Th.
Windmüller, Albert.
Winter, Ph.
Witt, J.
Witt, W.
Woegens, S., Kapt., Inspektor.
Wölber, Gustav.
Wölber, Francis, Konsul.
Woermann, Adolf.
Wohlwill, Th.
Wolf, R., Dr. med.
Wolff, Otto G.
Wolffson, Albert, Dr. jur.
Wolffson, J., sen., Dr. jur.
Zeller, Francisco van, Generalkonsul.
Zickermann, Heinrich. Wandsbeck.
Ziegenbein, F. H. Altona.
Zietz, Eduard.
Zimmermann, Th. G., Dr. ph.

In den Jahren 1889—90 sind gestorben:

Heinr. Bauch sen.
Prof. Dr. Herm. Berghaus. Gotha.
J. A. C. Dieckmann.
Gottfr. Ernst.
Herm. Grote.
E. Hallier.
Dr. C. F. W. Kersten.
Dr. O. Matsen.
Dr. R. Mertens.
Dr. H. A. Meyer.
Prof. Dr. Pagenstecher.
Prof. Dr. O. Pauli.
W. Probst.
Gust. Rohlsen.
Dr. Edm. Schaernak.
Dr. Scheven.
Dr. Schmiedekam.
Emil Schulze.
E. Versmann.
Joh. R. Warburg.
Siegm. Warburg.
N. D. Wichmann.

Mitglieder-Anzahl.

I.	Ehrenmitglieder		16
II.	Korrespondirende Mitglieder		10
III.	Ordentliche Mitglieder:		
	Bestand Ende 1888	468	
	Eingetreten in 1888—90	119	
		587	
	Ausgeschieden in 1888—90	42	
	Bestand Ende 1890		545
	Gesammtzahl		571

Druck von Ackermann & Wulff in Hamburg.

Östl. L. v. Paris
KARTE
zur Veranschaulichung
der
Verkehrsverhältnisse in Mesopo
von
Dr. B. MORITZ.
Maasstab 1 : 3 000 000
Deutsche geograph. Meilen, 15 = 1 Grad
Kilometer
Die Situationszeichnung ist der Kiepert'schen „Carte Générale des Province
et Asiatiques de l'Empire Ottoman" entlehnt.
cultivirtes Terrain
cultivirbares resp. nicht cultivirtes Terrain
grössere Verkehrsstrassen
fertige Eisenbahnlinien
Telegraphenlinien
Chausseen, resp. f
projectirte Eisenb
unterstrichene Namen: Telegr
Die unter Ortsnamen gesetzten Zahlen bedeuten Höhe ü. M. in Meter
Mittelländisches Meer
Cypern
Euphrat
unbekannt
früherer Karawanenweg
Postroute nach Baghdad
ALEPPO
DAMASCUS
BEIRUT
Mersin
Adana
Tarsus
Alexandrette
Suedije
Antakia
Ladikije
Tripolis
Hamdije
Hama
Homs
Palmyra
Karjetên
Tell Ghurâb
Ras el 'ain
Harran
Urfa
Biredjik
Aintâb
Kilis
Marasch
Maarra
Rakka
Sukhne
Taijibe
Erek
Dêr
Mejadin
Abulkemâl
Gâim
Schedâdi
Sauar
Midjâd
Mardin
Nisibin
Djebel
Sidon
Tyrus
Akka
Haifa
Nazaret
Tiberias
Safed
Baniâs
Irbid
Bosra
Nablus
Jâfa
Jerusalem
Bethlehem
Salt
Chazze
nach Mekka

Hamburg

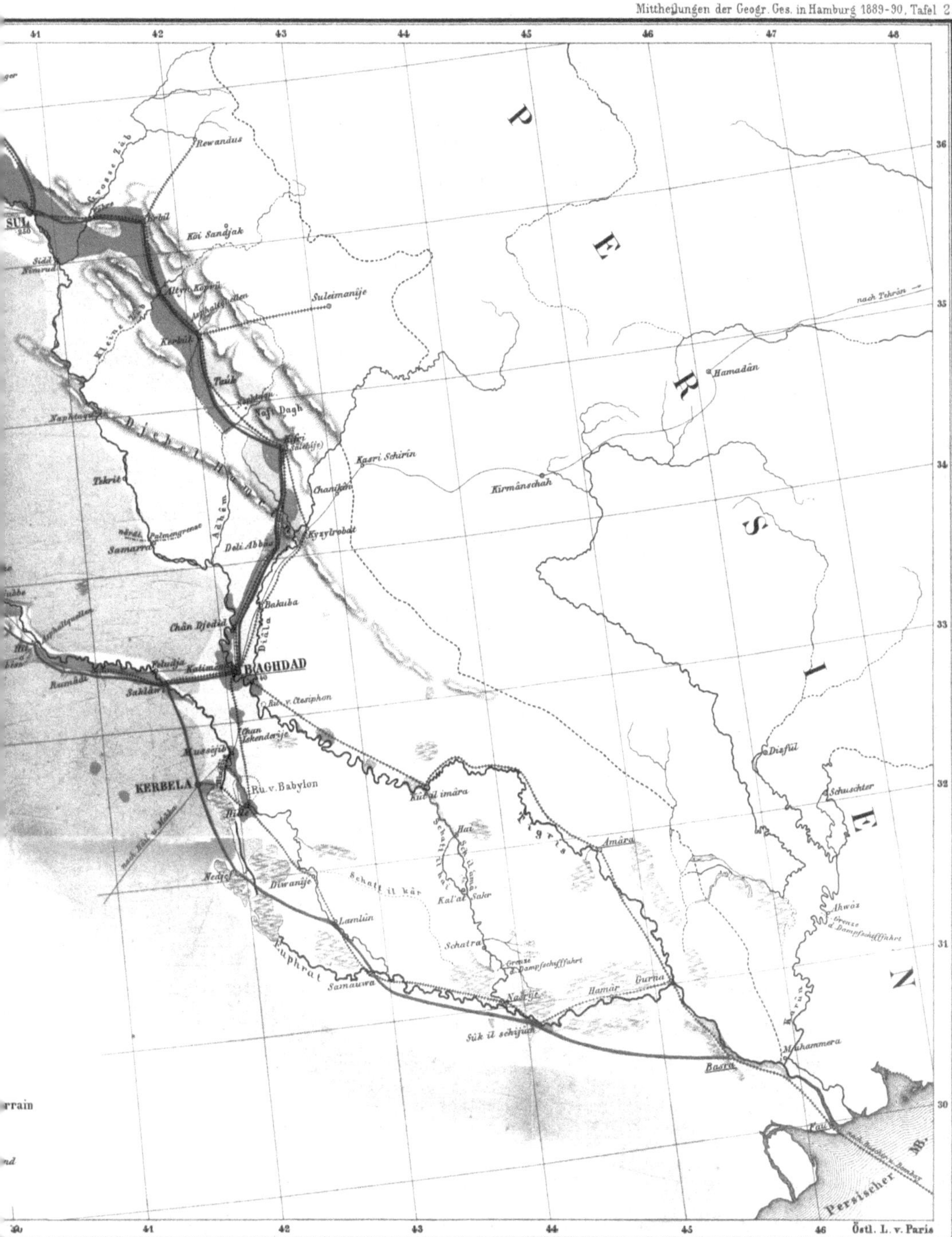
P
E
R
S
I
E
N
Rewandus
Grosse Zab
Erbil
Köi Sandjak
Altyn Köprü
Suleimanije
Kerkûk
Kleine Zab
Taûk
Tuz Churmati
Naphtaquellen
Djebel Hamrin
Kifri
Tekrit
Kasri Schirin
Chanikîn
Kirmânschah
Hamadân
nach Tehrân
nördl. Palmengrenze
Samarra
Adhêm
Deli Abbas
Kyzylrobat
Bakuba
Diala
Chân Djedîd
Feludja
Kazimen
BAGHDAD
Ramâdi
Saklawie
Ru. v. Ctesiphon
Chan Iskenderije
Mussejib
KERBELA
Ru. v. Babylon
Hille
Kut il imâra
Tigris
Hai
Schatt il hai
Amâra
Disfûl
Schuschter
Nedjef
Diwanije
Schatt il kâr
Kal'at Sakr
Lamlûn
Schatra
Euphrat
Grenze d. Dampfschifffahrt
Samauwa
Nasrije
Hamâr
Gurna
Ahwâs
Sûk il schijûch
Basra
Muhammera
Fau
Persischer Mb.
Östl. L. v. Paris
rrain
nd

n & Co

FSC
www.fsc.org
MIX
Papier | Fördert gute Waldnutzung
FSC® C083411

Zeitfracht Medien GmbH
Ferdinand-Jühlke-Straße 7
99095 Erfurt, Deutschland
produktsicherheit@kolibri360.de